"创新设计思维"
数字媒体与艺术设计类新形态丛书

短视频创作实战

抖音 + 剪映 + Premiere

微课版

U0191508

王萍 姜玉声 任群 编著

人民邮电出版社

北京

图书在版编目（ＣＩＰ）数据

短视频创作实战：抖音+剪映+Premiere：微课版 /
王萍，姜玉声，任群编著. -- 北京：人民邮电出版社，
2022.3（2023.7重印）
（"创新设计思维"数字媒体与艺术设计类新形态丛
书）
ISBN 978-7-115-57682-8

Ⅰ．①短… Ⅱ．①王… ②姜… ③任… Ⅲ．①视频制
作 Ⅳ．①TN948.4

中国版本图书馆CIP数据核字(2021)第210634号

内 容 提 要

本书从短视频创作的基础理论出发，由浅入深，系统地介绍了短视频创意、策划、拍摄、剪辑与
特效制作的方法和技巧。全书共9章，主要内容包括走近短视频、短视频的创意与策划、短视频的前
期拍摄、短视频后期制作基础、使用"抖音"App 拍摄与制作短视频、使用"剪映"App 剪辑与制作
短视频、使用其他 App 制作短视频、使用 Premiere 制作短视频和使用 Premiere 制作短视频特效等。

本书内容全面、资源丰富，适合作为本科院校、职业院校相关专业的教学用书，也适合作为有意
从事短视频创作的专职人士和短视频爱好者的参考书。

♦ 编　著　王　萍　姜玉声　任　群
　　责任编辑　许金霞
　　责任印制　王　郁　陈　犇

♦ 人民邮电出版社出版发行　　北京市丰台区成寿寺路 11 号
　　邮编　100164　　电子邮件　315@ptpress.com.cn
　　网址　https://www.ptpress.com.cn
　　三河市祥达印刷包装有限公司印刷

♦ 开本：787×1092　1/16
　　印张：17.75　　　　　　　　　2022 年 3 月第 1 版
　　字数：525 千字　　　　　　　2023 年 7 月河北第 5 次印刷

定价：69.80 元

读者服务热线：(010)81055256　印装质量热线：(010)81055316
反盗版热线：(010)81055315
广告经营许可证：京东市监广登字 20170147 号

前言

PREFACE

党的二十大报告指出：坚持以人民为中心的创作导向的设计，推出更多增强人民精神力量的优秀作品。短视频具有年轻化、去中心化的特点，它使每个人都可以成为主角，符合当下年轻人彰显自我和追求个性化的特点。因此，短视频具有非常高的用户黏性。此外，短视频具有较强的传播力，可将信息以视频的形式直观且快速地传达给用户。短视频行业的快速发展也使得短视频策划、剪辑等人才的需求加大，同时，院校也缺少相关教材。基于此，我们编写了本书。

本书从短视频创作的基础理论出发，由浅入深，系统地介绍了短视频的前期拍摄与后期制作，以及使用抖音、剪映、Premiere等软件对短视频进行剪辑与特效制作的方法和技巧，使读者能够轻松掌握短视频的创作方法。

本书特点

1. 基于短视频创作流程编写，实用性强

本书立足于短视频创作的实际应用，结构框架清晰，从短视频的策划到短视频的前期拍摄，再到短视频的剪辑与特效制作，全面系统地讲解了短视频创作的全过程。本书内容由浅入深，从"抖音""剪映"等短视频制作App到专业的视频编辑软件Premiere的应用，突出"以应用为主线，以技能为核心"的编写特点，体现"学做合一"的思想。

2. 结构清晰，理论与实践结合

本书采用"理论知识+实践操作"的架构，详细介绍了短视频创意与策划、前期拍摄和后期制作的方法，将理论与实践相结合，操作讲解详细，旨在帮助读者更好地理解理论知识并掌握实际操作方法。

3. 案例丰富，实操性强

本书收集整理了大量短视频编辑与制作的精彩案例，并详细介绍了案例的操作过程与方法，使读者能够通过案例实操，更加直观地理解所学的知识，真正达到一学即会、举一反三的学习效果。

4. 图文并茂，讲解详细

本书采用图文结合的方式进行讲解，以图析文，使读者能够更加直观地理解相关理论知识，在案例操作过程中更加快速地掌握短视频的制作方法与技巧。

5. 资源丰富，便于教学

本书还提供了丰富的案例素材、微课视频、PPT教学课件等立体化教学资源，帮助读者更好地学习并掌握本书所讲解的内容。

📚 读者定位

　　本书适合正准备学习短视频创作的初、中级读者。作者在编写之初便充分考虑到初学者可能遇到的困难，所以基础知识的讲解全面且深入，内容结构安排循序渐进，力求通过大量的实战案例使读者巩固所学知识，提高学习效率。

编　者

2021年8月

目录
CONTENTS

CHAPTER

第1章

走近短视频

　　利用最新科技赋能，弘扬中华优秀传统文化，实现艺术设计成果的创造性转化、创新性发展，促进中华优秀传统文化的全球化传播、共享与深度交流。近两年，短视频行业发展得极其火热，但是，作为当下的新兴行业，短视频在未来还有很长的路要走。

　　短视频主要是指时长在 5 分钟以内，通过图像、声音传达一定主题或内容的视频。本章将从短视频的界定、优质短视频的五要素、蒙太奇思维、声画关系、短视频制作流程和短视频未来发展等方面展开讲解，系统讲述短视频的相关基础知识。

1.1 初识短视频

自 2019 年起，互联网用户规模增长速度放缓，但用户对移动互联网的依赖性越来越强，移动互联网已经成为人们生活中不可缺少的一部分。2019 年，中国短视频用户使用时长首次超过长视频用户使用时长。2020 年，短视频用户规模已经达到了 8.73 亿。

5G 时代已经到来，短视频作为内容传播的形式之一，其也将成为 5G 时代下的社交语言。同时，短视频与长视频的交融共生将成为视频行业的发展趋势。

图 1-1 展示了多种短视频 App。

图 1-1　多种短视频 App

↘1.1.1　什么是短视频

目前，业界对短视频并没有统一的概念界定。但是，通常情况下，短视频即短片视频，多指在互联网上传播的时长在 5 分钟以内的视频。同时，随着网络的提速与移动终端的普及，短视频逐渐获得各大平台、用户和投资方的青睐，成为互联网的又一风口。

关于短视频的概念，业界不断有新的说法，具体说法如下。

百度百科对短视频的定义：短视频是指在各种新媒体平台上播放的、适合在移动状态和短时休闲状态下观看的、高频推送的视频内容，其时长为几秒到几分钟不等，其内容融合了技能分享、幽默、时尚潮流、社会热点、街头采访、公益教育、广告创意和商业定制等主题。因为短视频的时长较短，所以短视频可以单独成片，也可以成为系列栏目。

2017 年 4 月 20 日，今日头条创办首个短视频奖项——金秒奖，目的在于规范短视频行业标准。今日头条对全部参赛作品的平均时长和达到百万次以上播放量的作品进行统计后，得出结论：短视频的平均时长为 4 分钟，其以互联网新媒体为传播渠道，其形态包括纪录片、创意剪辑、品牌广告和微电影等。

"57 秒、竖屏"是快手短视频平台对于短视频行业提出的工业标准。

 小贴士

2019 年 1 月 9 日，中国网络视听节目服务协会发布《网络短视频平台管理规范》和《网络短视频内容审核标准细则》。

↘1.1.2　短视频的特点

值得人们注意的是，短视频的概念是相对于长视频而言的。长视频主要由相对专业的公司制作完成，长视频如电影、影视剧等，其投入大、成本高、制作周期长，这是长视频的典型特点。

长视频与短视频的对比如表 1-1 所示。

表 1-1　长视频与短视频的对比

分类	长视频	短视频
使用时间	集中时间、长时段	碎片化时间
内容领域	电影、影视剧	范围广泛
传播属性	以线性传播为主，速度较慢	以裂变性传播为主，速度较快
制作特点	投入大、成本高、制作周期长	投入小、成本低、制作周期短

短视频具有以下 4 大特点。

1. 契合大众碎片化需求

短视频时长较短、内容相对完整、信息密度较大，能在碎片化的时间内给用户持续不断的刺激，契合大众碎片化娱乐和学习的需求。

2. 降低用户获取信息的成本低

对内容消费者来说，短视频使其获取信息的成本大大降低，他们利用闲暇的碎片时间就能看完一个短视频。

3. 互动性强，创作者无流量负担

短视频具有较强的互动性，我们经常可以看到一个"哏"（笑点）火了后，会有很多用户去模仿拍摄，并且存在创作者和用户在短视频下方互动的情况，甚至这个"哏"一度能成为热点话题。短视频平台和自媒体平台是一样的，短视频平台会根据创作者的短视频作品进行算法计算，然后将创作者的短视频作品推送给相应的用户观看，创作者完全不用担心流量问题。

4. 生产者与消费者之间界限模糊

在短视频领域中，"每个人都是生活的导演"这句广告语其实并不夸张，如今的微博、快手、抖音已经成为许多人的人生主场，生活就是舞台。我们在观看短视频的同时，也有可能转换身份成为创作者。

↘ 1.1.3　短视频的类型

目前，各大平台上的短视频类型多种多样，它们针对的目标用户群体也各不相同。按短视频的内容对短视频进行分类，短视频可以分为以下 7 种类型。

1. 短纪录片

短纪录片以真实生活为创作素材，以真人真事为表现对象，并对其进行艺术的加工与展现。短纪录片伴随传播媒体的发展而产生，由传统的纪录片发展而来，具有传统纪录片所有的特性和特点，适合通过电视、网络传播，时长在 5 ～ 25 分钟。

我国出现较早的短视频制作团队有上海一条网络科技有限公司（简称为"一条视频"）和杭州二更网络科技有限公司（简称为"二更网络"），其制作的短视频大多数以纪录片呈现，内容新颖、制作精良。"一条视频"和"二更网络"成功的渠道运营优先开启了短视频变现的商业模式，被各大资本争相追逐。

"一条视频"的 Logo 如图 1-2（a）所示。"一条视频"现已与国内外超过 2500 个品牌合作，拥有 10 万余件作品，品类涵盖日常生活的各个方面——家居器物、数码家电、服饰美妆、图书文创和运动健康等。"一条视频"在线下开有实体门店，如图 1-2（b）所示。

（a）　　　　　　　　　　　　　　　　　（b）

图 1-2　"一条视频"的 Logo 与"一条视频"的线下实体门店

2. 网红 IP 型

网红 IP 指在互联网中有一定知名度的知识产权，是文化积累到一定量级后所输出的精华，具

备完整的世界观、价值观，有属于自己的生命力。网红IP大致可以分为4种：网红人物、网红产品、网红概念和网红作品（文学、影视、游戏）。

以网红人物为例，大众所熟知的papi酱、李子柒等，他们在互联网上具有较高的知名度，他们制作的作品贴近生活、趣味性高，他们庞大的粉丝基数和较强的用户黏性背后潜藏着巨大的商业价值。图1-3所示为李子柒的哔哩哔哩网站的个人主页与短视频作品截图。

图1-3　李子柒的哔哩哔哩网站个人主页与短视频作品截图

3. 街头采访型

街头采访型短视频也是目前比较热门的短视频种类，其制作流程简单，话题性强，深受都市年轻群体的喜爱。

街头采访型短视频比较容易制作，其成功与否主要在于创作者所提出的问题是否新颖、是否具有吸引力，短视频整体是否有足够的趣味性，这就要求创作者具有较强的编导能力。图1-4所示为街头采访型短视频创作者"神街坊"的抖音主页和短视频作品列表截图。

4. "草根"搞笑型

"草根"是指同主流、精英文化或精英阶层相对应的群体，而"草根"搞

图1-4　"神街坊"的抖音主页和短视频作品列表截图

笑短视频被延伸为平民文化、大众文化等。大量"草根"借助短视频风口在新媒体上输出搞笑内容，这类短视频虽然存在一定的争议，但是在碎片化传播的今天，它也为网民提供了不少娱乐话题，是比较受大众关注的视频类型。图1-5所示为"草根"搞笑型短视频创作者"最皮皮虾"的抖音主页和短视频作品列表截图。

5. 技能分享型

随着短视频热度不断提高，技能分享型短视频在网络上也有非常广泛的传播。技能分享型短视频分享的技能种类有但不限于生活技巧、食谱厨艺、视频制作和办公技能等，种类多样，精彩纷呈。图1-6所示为技能分享型短视频创作者"办公技能"的抖音主页与短视频作品列表截图。

图1-5　"最皮皮虾"的抖音主页与短视频作品列表截图　　图1-6　"办公技能"的抖音主页与短视频作品列表截图

6. 情景短剧型

情景短剧型短视频多以搞笑创意为主，在互联网上有非常广泛的传播，深受用户欢迎。该类短视频涉猎范围广泛，家庭伦理、古风玄幻、悬疑推理、都市爱情、乡村生活都是其常见的主题。图1-7所示为情景短剧型短视频创作者"陈翔六点半"的抖音主页与短视频作品列表截图。

图1-7　"陈翔六点半"的抖音主页与短视频作品列表截图

小贴士

　　一个情景短剧能不能成功是由多方面的因素决定的。首先，脚本是情景短剧的基础。其次，制作团队同样重要，同一个剧本给不同的制作公司或者团队进行拍摄，成品千差万别。再者，演员的演技要过关，表现力要强。

7. 创意剪辑型

剪辑技巧和创意是该类短视频的核心，该类短视频或搞笑幽默，或精致震撼，有些会加入解说、评论等元素。该类短视频也是不少广告主利用新媒体短视频热潮植入品牌广告的首选方式。图 1-8 所示为创意剪辑型短视频创作者的抖音主页与短视频作品列表截图。

图 1-8　某短视频创作者的抖音主页与短视频作品列表截图

↘1.1.4　主流的短视频平台

移动互联网时代，短视频异军突起，短视频领域成为各企业争相角逐的盈利风口，短视频背后巨大的商业价值使网络短视频遍地开花，短视频平台犹如雨后春笋般呈现在大众面前。

1. 普通人的欢乐世界——快手

快手的前身叫作"GIF 快手"，诞生于 2011 年 3 月，最初用来制作和分享 GIF 图片，是一款用于处理图片和视频的工具。2012 年 11 月，快手从纯粹的工具应用转型为短视频社区，成为用户记录和分享生活的平台。

快手强调人人平等，不打扰用户，是一个面向所有普通用户的平台。在快手平台上，用户可以用照片和短视频记录自己的生活点滴，也可以通过直播与"粉丝"实时互动。图 1-9 所示为快手的 Logo 与其 PC 端首页。

图 1-9　快手的 Logo 与其 PC 端首页

2. 记录美好生活——抖音

抖音是一个可以拍短视频的音乐创意短视频社交平台，该平台于 2016 年 9 月上线。用户可以通过该平台选择歌曲，拍摄音乐短视频，形成自己的作品。

最初，抖音邀请了部分中国音乐短视频玩家入驻平台，吸收了一批关键意见领袖带来的流量。截至 2020 年 1 月 5 日，抖音的日活跃用户数量已经超过 4 亿人。图 1-10 所示为抖音的 Logo 与其 PC 端首页。

图 1-10　抖音的 Logo 与其 PC 端首页

小贴士

抖音短视频平台背靠擅长机器算法的科技公司——今日头条，其目标是做一个适合年轻人的音乐短视频社区产品，让年轻人能轻松地表达自己。

3. 抖音火山版

抖音火山版由今日头条孵化，其通过短视频帮助用户迅速获取有用的内容，展示自我，获得粉丝，发现同好。抖音火山版有诸多特点：快速创作短视频、极致视频特效、高颜值直播 live、精美高端画质和大数据算法等。

2020 年 1 月 8 日，火山小视频官方宣布：火山和抖音进行品牌升级，原火山小视频正式更名为"抖音火山版"，并启用全新图标，于同年 1 月 10 日正式上线。

抖音火山版的诞生，实现了抖音与火山小视频在流量、福利、内容和服务 4 个方面融合升级，具体情况如表 1-2 所示。

表 1-2　抖音与火山小视频的融合升级情况

种类	升级内容
流量	两大平台数亿用户流量贯通，打造超级流量池，实现更多、更广泛、更精准的流量扶持
福利	流量扶持、成长福利和福利资源等各项政策计划双平台应用，在一定程度上提升了机构和创作者的积极性
内容	构建超级平台、超级内容共同体，实现内容互补，打造多元复合型内容生态圈，进一步实现全方位用户覆盖
服务	提供创作者贴身服务，政策同步，后台统一，为机构和主播在双平台运营方面提供更精细化、便捷化的服务

4. 秒拍

秒拍由炫一下（北京）科技有限公司推出，是一个集观看、拍摄、剪辑和分享于一体的短视频平台。秒拍支持各种风格的滤镜，支持个性化水印和智能变声等多种功能，让用户的短视频一键变大片。同时，秒拍还支持短视频同步分享到微博、微信朋友圈和 QQ 空间。图 1-11 所示为秒拍的 Logo 与其 PC 端首页。

图 1-11　秒拍的 Logo 与其 PC 端首页

↘1.1.5　短视频的生产方式

短视频的生产方式可以分为用户生产内容（User Generated Content，UGC）、专业用户生产内容（Professional User Generated Content，PUGC）和专业生产内容（Professional Generated

Content，PGC）3 种，它们的特点如表 1-3 所示。

表 1-3　短视频 3 种生产方式的特点

UGC	PUGC	PGC
➢ 成本低，制作简单； ➢ 商业价值低； ➢ 具有很强的社交属性	➢ 成本较低，有编排，有人气基础； ➢ 商业价值高，主要靠流量盈利； ➢ 具有社交属性和媒体属性	➢ 成本较高，专业和技术要求较高； ➢ 商业价值高，主要靠内容盈利； ➢ 具有很强的媒体属性

UGC：短视频平台的普通用户自主创作并上传内容，普通用户指非专业个人生产者。

PUGC：短视频平台的专业用户创作并上传内容，专业用户指拥有粉丝基础的"网红"，或者拥有某一领域专业知识的关键意见领袖。

PGC：专业机构创作并上传内容。

1.2　优质短视频的五要素

想要制作一个优质的短视频，首先要知道优质短视频包括哪些元素，进而通过优化这些元素以制作出优质作品。

1.2.1　吸睛标题

广告大师奥格威在他的著作《一个广告人的自白》中说过："用户是否会打开你的文案，80% 取决于你的标题"。在出版行业，一本书的书名会在很大程度上影响这本书的销量。这一定律在短视频中也同样适用：标题是决定短视频打开率的关键因素。

标题是播放量的源头，它像一个人的名字一样，具有唯一的代表性，是观众快速了解短视频内容并产生记忆与联想的重要途径。

从运营层面来讲，当前阶段，机器算法对图像信息的确有一定的解析能力，但相比于文字，其准确度方面存在局限性。短视频平台在对短视频内容进行推荐分发时，会从标题中提取分类关键词进行分类。接下来，短视频的播放量、评论数和用户停留时长等综合因素则决定了短视频平台是否会继续推荐该短视频。

从用户层面来讲，标题是短视频内容最直接的呈现形式，也是吸引用户关注、观看的敲门砖。在观看视频前，用户查看详情、标签、评论的概率远低于查看标题的概率。短视频能为用户解决什么问题，或者能给用户什么样的趣味，是创作者在拟定标题的时候需要优先考虑的问题。

图 1-12 所示为简洁、直观的短视频标题。

图 1-12　简洁、直观的短视频标题

↘ 1.2.2　画质清晰

短视频画质的清晰度直接决定用户观看短视频的体验感。模糊的短视频会给人留下不好的印象，用户可能在看到的第一秒就会跳过。所以这种情况下，即使短视频内容再好，短视频也可能得不到用户的关注。

我们会发现很多受欢迎的短视频，其画质像电影"大片"一样，画面清晰度高，色彩明亮。这一方面取决于拍摄硬件选择得好，另一方面取决于视频的后期制作精良。现在有很多短视频拍摄和制作软件，其功能相当齐全，滤镜、分屏、特效等功能一应俱全，助力大众进行创作。

图 1-13 所示为清晰画质的短视频。

图 1-13　清晰画质的短视频

小贴士

播放媒介不同，其对短视频的画质和尺寸要求也不同，通常短视频是在手机终端进行播放的，所以短视频如何更好地适应手机屏幕是关键问题之一。

↘ 1.2.3　给用户提供价值或趣味

短视频让用户驻足观看主要有两个原因：一是用户能从中获取有用的内容；二是用户能从中获得共鸣。所以我们制作的短视频要能给用户提供价值或者趣味，二者至少要满足其一，而不是让用户看完觉得枯燥无味，不知所云。

图 1-14 所示为搞笑短视频，其具有较强的趣味性。

图 1-14　搞笑短视频

小贴士

有价值或有趣味的短视频还有一个特征——真实，即真实的人物、故事和情感。真实使短视频更贴近生活，更易引起大家的共鸣。

↘ 1.2.4　掌控音乐

如果说标题决定了短视频的观看率，那么音乐就决定了短视频的整体基调。创作者在为短视频配乐时需要注意以下两个要点：

（1）在短视频的高潮部分或者是关键信息部分，切记卡住音乐的节奏，一方面要突出重点，另一方面要让音乐和画面具有协调感；

（2）配乐或背景音乐的风格与短视频内容的风格要一致，搞笑短视频不可配抒情音乐，严肃短视频不可配搞笑音乐。

↘ 1.2.5　多维度精雕细琢

优质的短视频都是经过多维度精雕细琢的，甚至可能修改了数十次才得以呈现在公众面前。强大的短视频制作团队会从编剧、表演、拍摄和后期制作等方面反复打磨，让短视频更好看、更有创意，从而打造出优质的短视频。

1.3　蒙太奇思维

蒙太奇一词源于法语 montage，是建筑学上的一个术语，意为"装配、组合、构成"，即根据一个总的设计蓝图，将各种零散的建筑材料分别加以处理，安装在一起，使之构成一个完整的建筑物。随着电影艺术的发展，一些电影艺术家将其创造性地引入电影创作领域中，发展成为一种理论。蒙太奇也随之成为电影艺术的一个专业术语。

↘ 1.3.1　什么是蒙太奇

关于什么是蒙太奇，由于研究背景和角度不同，业界有着不同的解释，至今没有形成统一的定义。但从总体而言，业界对其有两种理解：一种是狭义的蒙太奇；另一种是广义的蒙太奇。

狭义的蒙太奇是指镜头画面组接的章法和技巧。在短视频创作中，创作者先把短视频所要表现的内容分成许多不同的镜头画面，分别进行拍摄，然后按照原先设计的创作构思，把这些镜头画面有机地组接在一起，完成画面艺术造型，最终形成一部具有主题思想的完整作品。

广义的蒙太奇是一种美学概念，是整个短视频的思维方法、结构方法和全部艺术手段的总称。从总体上看，它包括对整个短视频的叙述方式、叙事角度、时空结构、场景、段落的布局和把握。从横向上看，它包括画面与画面、声音与声音、光影与光影，以及画面与声音、画面和色彩等的全部组合关系。从纵向上看，它包括对镜头的运用和处理、镜头的分切与组合、场面和段落的安排与组接，以及转换的艺术技巧等。可以说，蒙太奇作为作品的构成方式和独特的表现手段，贯穿于创作过程的始终，它产生于艺术构思之时，体现在分镜头剧本里，贯穿于拍摄过程中，最后完成在剪辑中，最终见效在观众的接受上。

蒙太奇独特的艺术功能，使其在影视和短视频领域中得到广泛运用，为影视和短视频创作注入了新的生命力。

↘ 1.3.2　蒙太奇的分类

根据作品内容的叙述方式和表现形式，蒙太奇可以分为叙事蒙太奇和表现蒙太奇两大类。叙事蒙太奇可以细分为平行蒙太奇、交叉蒙太奇、颠倒蒙太奇和连续蒙太奇等类型。表现蒙太奇可以细分为抒情蒙太奇、心理蒙太奇、隐喻蒙太奇、对比蒙太奇、重复蒙太奇和积累蒙太奇等类型。

1. 叙事蒙太奇

叙事蒙太奇以交代情节、展示事件为主旨，按照一定的时间顺序和逻辑顺序来分切组合镜头、场景和段落，从而引导观众理解剧情。叙事蒙太奇与表现蒙太奇相比，脉络清晰、逻辑连贯、简单易懂，因此它是影视作品和短视频中最常用的一种叙事方法。

叙事蒙太奇又包含以下 4 种具体类型。

（1）平行蒙太奇

平行蒙太奇将不同的时空发生的两条或两条以上的情节线并列表现，分别叙述但统一在一个完整的故事情节结构中，造成一种呼应。平行蒙太奇应用广泛，原因有二：首先，创作者用它处理剧情可以删减过程，这有利于概括集中，节省篇幅，扩大内容的信息量，并增强节奏；其次，几条情节线平行表现，能够相互烘托、形成对比，易于产生强烈的艺术感染效果。

（2）交叉蒙太奇

交叉蒙太奇是将同一时间不同地域发生的两条或两条以上情节线迅速且频繁地交替剪接在一起，其中一条情节线的发展往往决定或影响其他情节线的发展，各条情节线相互依存，最后汇合在一起。交叉蒙太奇强调时间的同一性，注重情节之间的因果关系，这是它与平行蒙太奇最明显的区别。交叉蒙太奇极易引起悬念，造成紧张、激烈的气氛，加强矛盾冲突的尖锐性，是抓住观众注意力来引导观众情绪的有效手法。

（3）颠倒蒙太奇

颠倒蒙太奇是一种打乱结构的蒙太奇方式，即先展现事件的现状，再介绍事件的始末，类似于文学中的倒叙，表现为事件"过去"与"现在"的重新组合。它常常借助叠印、画外音、旁白等转入倒叙。创作者运用颠倒蒙太奇时，打乱的是事件顺序，但时空关系仍需交代清楚，叙事仍应符合逻辑关系。

（4）连续蒙太奇

连续蒙太奇又称为线性蒙太奇，是最简单、最直接的蒙太奇表现形式。它只有一条单一的情节线，创作者按照事件情节的连续性、逻辑的因果关系进行镜头组接，有节奏地连续叙事。这种叙事情节清晰、脉络清楚、朴实平顺、自然流畅，符合观众的思维方式和认知习惯。

 小贴士

连续蒙太奇缺乏时空与场景的变换，无法直接展示同时发生的情节，难以突出各条情节线之间的并列关系，不利于概括，易给人平铺直叙的感觉，因此，创作者通常将其与平行蒙太奇、交叉蒙太奇混合使用。

2. 表现蒙太奇

表现蒙太奇以镜头的对列为基础，通过相连镜头在形式或内容上相互对照，创造意境，产生一种特别的视觉效果，以表达某种情绪或思想，促进观众的心理活动，激发观众的联想。

表现蒙太奇又包含以下 6 种具体类型。

（1）抒情蒙太奇

抒情蒙太奇在保证叙事和描写的连贯性的同时，表现超越剧情之上的思想和情感。最常见的是在一段叙事段落完成之后，恰当地插入带有情感色彩的空镜头或景物镜头，从而创造出诗意的境界。

（2）心理蒙太奇

心理蒙太奇通过画面镜头或声画的有机结合，表现人物的回忆、梦境、幻觉、遐想、思索等心理活动，生动形象地展现人物丰富多样的内心世界、精神状态。这种蒙太奇多用交叉穿插等手法实现，其特点体现在画面和声音的片段性、叙述的不连贯性和节奏的跳跃性中，并带有剧中人物强烈的主观性。

（3）隐喻蒙太奇

隐喻蒙太奇是通过画面的排列或交替表现进行类比，用某一事物比喻某一抽象的概念。这种手法往往用不同事物之间某种相似的特征来解释某一事物或象征某种意义，从而引起观众的联想，使观众领会某种寓意和情绪色彩。隐喻蒙太奇在揭示作品主题、刻画人物性格方面可以发挥很大的作用，往往具有强烈的情绪感染力。

（4）对比蒙太奇

对比蒙太奇类似于文学中的对比描写，其通过画面内容的对比（如真与假、美与丑、贫与富、苦与乐、生与死、高尚与卑下、胜利与失败的对比），或通过画面形式的对比（如景别的大小、角度俯仰、色彩冷暖、声音强弱、光线明暗的对比），来突出一种强烈的冲突对比，强化所要表现的内容、思想或情绪，以表达创作者的意图和主题。

（5）重复蒙太奇

重复蒙太奇是使一定寓意的画面内容在关键时刻反复出现，以达到揭示事物内在本质、深化主题的目的。一定内容的镜头、场景或段落，在一个完整且有机的叙事结构中反复出现，可以造成前后的对比、呼应，渲染艺术效果。在科教类的短视频作品中，对于重点内容和重要结论，创作者也可以通过重复画面加以强调，以提高观众的注意力，加深观众对内容的理解。

（6）积累蒙太奇

积累蒙太奇是把若干内容相关或有内在相似性联系的镜头并列组接，造成某种效果的积累，以达到渲染气氛、强调情绪、表达感情、突出主题的目的。

 小贴士

以上所介绍的常见蒙太奇手法，它们的共同特点是通过两个或多个镜头的外部组接来构成，因此，它们被统称为外部蒙太奇。

↘ 1.3.3 蒙太奇的作用

概括地说，蒙太奇有以下5个方面的作用。

1. 构成叙事

单个镜头往往无法准确传达出创作者所要表现的内容，若干个镜头经过组接以后能够表达一个完整的意思，并产生比每个镜头更丰富的意义，这就是蒙太奇的构成作用。短视频的基本语言是画面和声音，创作者通过运用蒙太奇手法，对素材进行选择和取舍，将镜头、场景、段落进行分切，然后按照事件的时空关系、事件发展的因果关系进行组接，以交代情节、叙述故事，进而构成一部具有完整主题思想内容并为观众接受和理解的短视频作品。

2. 创造时空

短视频作品中的时空不完全等同于现实生活中的时空，它以现实时空为基础，源于生活又高于生活，通常以一种不连续的方式再现现实生活中的时空。创作者运用蒙太奇手法可以对现实中的真实时间和真实空间进行重构。通过镜头的组接，创作者可以对时间进行压缩或延长，可以让时间倒流或停止，也可以对空间进行压缩或扩张，甚至通过虚构创造出一种新的时空。

3. 表达情感

画面和声音都是抒发情感、表达思想的重要途径，表现蒙太奇在表达情感方面具有独特的效果。

4. 渲染气氛

通过不同类型的蒙太奇组接，创作者既可以为作品营造出浪漫、欢快的气氛，也可以制造出悲伤、惊险、刺激的气氛。例如，创作者可以运用慢节奏的抒情蒙太奇来表现舒缓、浪漫的内容，运用快节奏的交叉蒙太奇来表现惊险、刺激的内容。

5. 制造节奏

节奏是人们生活中的组成部分，人的情感和情绪会随着生活节奏的变化而变化。蒙太奇节奏是通过镜头外部的组接而形成的，不同长短、不同方位、不同景别、不同运动速度的镜头组接，可以使作品的节奏丰富多彩，并产生强烈的艺术感染力和表现力。

1.4　声画关系

画面和声音都具有各自独特的作用，都是短视频创作中不可或缺的艺术造型工具。画面是短视频作品叙事的基础，声音可以补充画面，二者有机组合，扬长避短，成就了"1+1>2"的视听表现力。一般来说，声音与画面的组合关系主要有声画同步、声画分立和声画对立3种。

↘ 1.4.1　声画同步

声画同步（又称为声画合一）是指短视频作品中声音和画面严格匹配、情绪和节奏相一致、听觉形象和画面视觉形象相统一，即画面中的形象与其所发出的声音同时出现又同时消失，二者吻合一致。这是最常见的一种声画关系。发声体的可见性和声音的可听性，使声画营造的时空环境更真实。短视频作品中绝大多数声音和画面都是同步的，比如我们看到画面上两人在对话，同时能听到他们的对话声；我们看到画面上有汽车驶来，同时能听到汽车声。发声体动作停止，声音也就消失。声画同步加强了画面的真实感，深化了视觉形象，强化了画面内容的表现。

↘ 1.4.2　声画分立

声画分立（又称为声画分离）是指画面中声音和画面形象不同步、不相吻合、互相分离的情况。声画分立意味着声音和画面具有相对的独立性。声画分立中，声音和发声体不在同一画面中，声音是以画外音的形式出现的，因此，声画分立可以有效地发挥声音的主观化作用，起到提示人物心理活动以及衔接画面、转换时空的作用。

许多短视频作品的音乐都是与画面分离的，属于画外音乐。画外音乐常常具有比较强的主观色彩，因而画外音乐的运用越来越广泛。创作者通过应用音乐、音响，赋予短视频更多更深刻的内涵，从而使短视频更具有感染力和冲击力。

↘ 1.4.3　声画对立

声画对立又称为声画对位，即声音和画面形象分别表达不同的内容，各自独立而又相互作用，通过对立双方的反衬作用，使声音与画面在情绪、情感上产生强烈的反差，从而产生震撼人心的艺术效果，表现出更为深刻的思想意义。在声画对立中，声音可以是语言，也可以是音乐，观看者通过联想产生对比、比喻、象征等审美效果。

随着短视频的发展，画面形象与声音形象越来越不可分割。借助声音形象，画面形象会更加传神、逼真；声音形象又依托画面形象的直观性而具有感染力和震撼力。画面和声音有机地融为一体，可创造出更加真实、生动、精彩的银幕形象，给观众带来丰富的视听享受。

↘ 1.4.4　短视频音乐选择技巧

我们通过长期观察可以发现，播放量高的那些短视频，其配乐或背景音乐都是与作品本身的内容、形式相关联的。选择与短视频内容关联性强的音乐有助于带动观众的情绪，提高观众对短视频的体验感。

1. 根据内容定位，选择符合短视频内容基调的音乐

如果创作者创作的是搞笑类短视频，那么所选择的音乐不能太抒情；如果创作的是情感类短视频，那么所选择的音乐不能太激昂。

不同的音乐带给观众的情感体验差异很大，创作者要根据内容定位，明确短视频要表达的内容，然后选择与短视频内容属性相符的音乐。

2. 把握短视频节点，灵活调整音乐节奏

刚入门的短视频创作者或许还不知道，镜头切换的频次与音乐节奏一般成正比。如果短视频中长镜头较多，那么创作者就应该采用节奏缓慢的音乐；如果多个镜头的画面是快速切换的，那么创作者就应该采用节奏较快的音乐。这就是人们所说的"根据短视频节点调整短视频配乐，让短视频内容与音乐更契合"。

3. 不会选择音乐时，就选择轻音乐

轻音乐的特点：包容度高，情感色彩相对较淡。音乐对短视频的兼容度高有助于避免出现短视频与音乐不符的情况。

根据以上介绍的短视频音乐选择的 3 个技巧，下面以常见的美食类短视频、时尚类短视频和旅行类短视频为例，分别分析短视频配乐的技巧。

美食类短视频大多数以精致为目标，通常以"治愈"的名义来赢得人们的关注。这类短视频适合选择一些听起来让人觉得有幸福感或者悠闲感的音乐，例如纯音乐、舒缓温情的中文或英文歌曲。温馨幸福的音乐能让观众像享用美食一样感到愉悦，从而提升其体验感。图 1-15 所示为美食类短视频截图。

图 1-15　美食类短视频截图

时尚类短视频面向的群体主要是年轻人，因此，这类短视频适合选择充满时尚气息的音乐，如流行、摇滚等属性的音乐。具有时尚气息的音乐能为短视频提升潮流气息，让观众产生年轻的活力感。图 1-16 所示为时尚类短视频截图。

旅行类短视频，其内容是世界各地的景、物、人等，这类短视频适合搭配比较大气、清冷的音乐。大气的音乐能让人们在观看视频时产生放松的感觉，而清冷的音乐与轻音乐一样，包容性较强。音乐时而舒缓时而澎湃，能够将旅行的"格调"充分显示出来。图 1-17 所示为旅行类短视频截图。

图1-16　时尚类短视频截图

图1-17　旅行类短视频截图

当然，短视频不止以上3种类型。创作者要想为自己的短视频搭配合适的音乐，就一定要掌握自己短视频内容的基调，根据短视频内容的风格，为短视频搭配合适的音乐。

1.5　短视频制作流程

短视频的制作流程与传统影片的制作流程相比简化了很多，但是要输出优质的短视频，创作者还是要遵循标准的制作流程。

↘ 1.5.1　项目定位

项目定位的目的就是让创作者有一个清晰的目标，并且一直朝着正确的方向努力。不过创作者需要注意的是，创作的内容要对人们有价值，根据人们的需求创作相应的内容。比如创作者的客户是高端人群，那么创作者就要创作出专业的内容。同时，内容的选题要贴近生活，接地气的内容能让人更有亲近感。

小贴士

短视频应该具有明确的主题，需要传达出短视频内容的主旨。在短视频创作的初期，创作者大多不知道如何明确主题，创作者可以参考很多优秀的案例，多搜集、多参考，再发散思维。

↘ 1.5.2　剧本编写

创作初期，非专业出身的人不一定能写出很专业的剧本，但也不能盲目地拍摄。无论是室内还是室外拍摄，创作者都必须在纸上、手机上或是计算机上列出一个清晰的框架，想清楚自己的短视频要表达什么主题、在哪里拍、需要配合哪些方面，然后再谈剧情。

创作者一般会寻找多个点线索，然后串成一条故事线，这样可有效地讲故事。当然这不是唯一的方式，但是短视频的时长较短，短暂的展示时间内没有多少机会让创作者讲很酷炫的故事，线性讲述才能让观众减少理解压力。当然如此一来，也难免让观众觉得乏味，但创作者可以通过一些后期手段进行弥补，以使故事更完整清晰，结构更完整紧密。

↘ 1.5.3　前期拍摄

在短视频拍摄过程中，创作者要防止出现画面混乱、拍摄对象不突出的情况。成功的构图应该是作品主体突出，主次分明，画面简洁、明晰，让人有赏心悦目之感。

如何才能有效防止出现短视频拍摄画面抖动的情况呢？以下两点建议可以帮到创作者。

1. 借助防抖器材

现在网上有很多防抖器材，例如三脚架、独脚架、防抖稳定器等，针对手机、摄像机的也有，创作者可以根据所使用的短视频拍摄器材配备一两个。

2. 注意拍摄的动作和姿势，避免大幅度动作

创作者在拍摄移动镜头时，上身动作要少，下身小碎步移动；走路时上身不动下身动；镜头需要旋转时，要以整个上身为轴心，尽量不要移动双手关节来拍摄。

创作者在拍摄时注意画面要有一定的变化，不要一个焦距、一个姿势拍全程，要通过推镜头、拉镜头、跟镜头、摇镜头等来使画面富有变化。例如进行定点人物拍摄时，创作者要注意通过推镜头进行全景、中景、近景、特写的拍摄，以实现画面的切换，要不然画面会显得很乏味。

↘ 1.5.4　后期制作

短视频素材的整理工作也是非常有必要的，创作者要把短视频资源有效地进行分类，这样找起来效率会很高，创作者的思路也会很清晰。在剪视频环节，主题、风格、背景音乐、大体的画面衔接过程，创作者都需要在正式剪辑前进行构思，也就是说，创作者要在脑子里想象短视频最终的效果，这样剪辑时才会更加得心应手。

短视频拍好后，创作者还要进行后期剪辑制作，例如画面切换的实现、字幕的添加、背景音乐的设置、特效的制作等。剪辑时，创作者要注意按自己的创作主题、思路和脚本进行操作；在编辑过程中，创作者可加入转场特技、蒙太奇效果、多画面效果、画中画效果并进行画面调色等，但需注意特效不要过度，合理的特效可提高视频的档次，但过多会给人眼花缭乱的感觉。

纯动画形式的短视频，创作者在制作过程中一定要注意动态元素的自然流畅，要遵循真实规律。

自然流畅：强化动画设计中的运动弧线可以使动作更加自然流畅。自然界的运动都遵循弧线运动的规则。

遵循真实规律：遵循物体本身的真实运动规律。创作者可通过表现物体运动的节奏快慢和曲线，使之更接近真实。不同的物体运动有不同的节奏。

↘ 1.5.5　发布与运营

短视频在制作完成之后，就要进行发布。在发布阶段，创作者要做的工作主要包括选择合适的发布渠道、渠道短视频数据监控和渠道发布优化。只有做好这些工作，短视频才能够在最短的时间内打入新媒体营销市场，迅速吸引用户，进而获得知名度。

短视频的运营工作同样非常重要，良好的运营可以使用户时刻保持新鲜感。下面介绍3个短视频运营的小技巧。

1. 固定时间更新

创作者要尽量稳定自己的更新频率，固定更新时间，这样不仅能让自己的账号活跃度更好，同时也能够培养用户的阅读习惯，从而有效提高用户的留存率与黏性。

2. 多与用户互动

用户可以说是短视频创作者的"衣食父母"，如果没有他们的流量，那么短视频创作者很难火起来，所以短视频内容发表之后，创作者要记得去与用户互动。很多创作者发表短视频之后什么也不做，这样就会白白损失一批用户。为了更好地留住用户，创作者需要提高用户的黏性。

3. 多发布热点内容

短视频内容也是可以蹭热点的，但是创作者需要注意热点的安全性，不要侵权，要按照平台要求去追热点。总的来说，就是创作者要做好内容质量。

1.6　短视频的未来发展

随着移动短视频App和直播产业的发展，短视频用户规模将成倍增长，短视频将逐渐成为移动互联网发展不可或缺的一部分。短视频的未来发展具体体现在以下几方面。

（1）大量的三四线城市和乡镇的年轻用户，为短视频平台带来可观的流量红利。

（2）以大数据和智能算法为基础，短视频的精准分发被广泛应用。大数据的积累使短视频平台能够更好地匹配短视频作品和目标用户。

（3）新技术、新应用推动短视频内容制作向智能化发展。如智能化的剪辑应用可以实现剪辑环节的自动化、智能化；图像识别技术可以极大地提高短视频的审核效率；人脸识别技术可以提供美颜、AR效果等功能。

随着渠道全面垂直化，短视频平台和内容创作者仍能在未被占领的细分领域获得较大的发展空间，短视频行业可以在红海化的细分领域上找到新的蓝海机遇。此外，短视频行业仍然需要充分发掘用户数据价值，进一步探索新的盈利模式。

未来，随着5G技术的发展和应用，以及农村互联网的进一步普及，短视频仍有很乐观的增长前景。同时，AR、VR、无人机拍摄、全景技术等短视频拍摄技术的日益成熟和应用，也会给观众带来越来越好的视觉体验，进而有力地促进短视频行业的发展。

1.7　本章小结

本章主要向读者介绍了有关短视频的基础知识，内容包括短视频的界定、优质短视频的5要素、蒙太奇思维、声画关系、短视频制作流程和短视频的未来发展等。完成本章内容的学习后，读者能够对短视频有更深入的理解和认识，这样就可以更好地完成接下来的学习任务。

第2章

短视频的创意与策划

随着用户个性化需求得到满足，用户对内容深度的要求越来越高，短视频内容应用进入成熟期，短视频内容细分化趋向明显。丰富、优质的内容是吸引用户的根本动力，这就需要创作者在短视频拍摄之前能够提出富有创意的内容策划方案。

本章主要介绍短视频创意与策划的相关内容，如了解短视频团队、短视频创意基础、短视频脚本策划、不同类型短视频策划要点和短视频内容策划的3大技巧等内容，以期读者理解并能够掌握短视频创意策划的方法及形式。

2.1　了解短视频团队

随着短视频的快速发展，很多专业的短视频创作团队逐渐诞生了，短视频团队创作的短视频与个人创作的短视频相比更加专业。要想拍摄出火爆的短视频作品，制作团队的组建不容忽视。那么，一个专业的短视频团队需要哪些成员呢？

1. 编导

在短视频团队中，编导是"最高指挥官"，相当于节目的导演，主要对短视频的主题风格、内容方向及短视频内容的策划和脚本负责，按照短视频定位及风格确定拍摄计划，协调各方面的人员，以保证工作进程。另外，编导也需要参与剪辑环节，所以这个角色非常重要。编导的工作主要包括短视频策划、脚本创作、现场拍摄、后期剪辑、短视频包装（片头、片尾的设计）等。

2. 摄影师

一名优秀的摄影师能够通过镜头完成编导规划的拍摄任务，并给剪辑留下非常好的原始素材，节约大量的制作成本，并完美地达到拍摄的目的。优秀的摄影师是短视频能够成功的保障，因为短视频的表现力及意境都是通过镜头语言来表现的。摄影师需要了解镜头脚本语言，精通拍摄技术，对视频剪辑工作也要有一定的了解。

3. 剪辑师

剪辑是对声像素材的分解、重组工作，也是对摄影素材的一次再创作。将素材变为作品的过程，实际上是一个精心的再创作过程。

剪辑师是短视频后期制作中不可或缺的重要角色。一般情况下，在短视频拍摄完成之后，剪辑师需要对拍摄的素材进行选择与组合，舍弃一些不必要的素材，保留精华部分；剪辑师还会利用一些视频剪辑软件为短视频配音、制作特效，以更加准确地突出短视频的主题，保证短视频结构严谨、风格鲜明。对短视频创作来说，后期制作犹如"点睛之笔"，可以将杂乱无章的片段进行有机组合，形成一个完整的作品，而这些工作都需要剪辑师来完成。

4. 短视频运营人员

虽然精彩的内容是短视频得到广泛传播的关键因素，但是短视频的传播也离不开运营人员对短视频的网络推广。移动互联网时代，由于短视频平台众多，传播渠道多元化，如果没有一名优秀的运营人员，无论短视频的内容多么精彩，恐怕都会被淹没在茫茫的信息大潮中。由此可见，运营人员的工作直接关系到短视频能否被用户注意，进而进入商业变现的流程。

运营人员的主要工作包含以下 4 个方面。

（1）内容管理：为短视频团队提供导向性意见。

（2）用户管理：负责用户反馈、策划用户活动、创建用户社群等。

（3）渠道管理：掌握各种渠道的推广动向，积极参与各种活动。

（4）数据管理：分析单渠道播放量、评论数、收藏数、转发数背后的意义。

5. 演员

为拍摄短视频所选的演员一般是非专业的。在这种情况下，短视频团队一定要根据短视频的主题慎重选择演员，演员和角色的定位要一致。不同类型的短视频对演员的要求是不同的。例如，脱口秀类短视频倾向于一些表情比较夸张，可以惟妙惟肖地诠释台词的演员；故事叙事类短视频倾向于肢体语言表现力较强的演员；美食类短视频对演员传达食物吸引力的能力有较高要求；生活技巧类、科技数码类及电影混剪类等短视频对演员没有太多演技上的要求。

2.2 短视频创意基础

在进行短视频的创意创作过程中，短视频团队要注意用户的心理需求。只有满足用户心理需求的短视频作品，才能称得上是好的短视频作品。

↘ 2.2.1 什么是创意

如同诗人需要"灵感"一样，短视频也需要"创意"，但是创意从何而来？

从表面上看，创意似乎总是在违背一定的规律。但是从根源上说，创意一定是符合某种规律的，它是在原规律的基础上融合非规律的一种创新理念，并能够满足一种审美需求。

创意是一种灵感，创作是一种创造过程，短视频内容的生成是创意与创作互动合作的结果。创意在前，创作继之，部分重合。

↘ 2.2.2 创意的要素

创意一般包含以下 4 个要素。

（1）创意形成的前提：动机、目的。
（2）创意形成的基础：知识积累。
（3）创意方法的过程：选择性、可变性。
（4）创意实现的关键：联想、假设。

2.3 短视频脚本策划

脚本相当于短视频的主线，用于表现故事脉络的整体方向。短视频团队要想创作出别具一格的短视频作品，则短视频脚本的策划不容忽视。本节将向读者介绍短视频脚本策划的相关内容。

↘ 2.3.1 短视频脚本构成要素

短视频脚本的构成主要包含 8 个要素，即框架搭建、主题定位、人物设定、场景设定、故事线索、影调运用、音乐运用和镜头运用。表 2-1 所示为短视频脚本构成要素简介。

表 2-1 短视频脚本构成要素简介

构成要素	简介
框架搭建	搭建短视频总框架，如拍摄主题、故事线索、人物关系、场景选址等
主题定位	短视频想要表达的中心思想和主题
人物设定	短视频中需要设置几个人物，每个人物分别需要表达哪方面的内容
场景设定	短视频在哪里拍摄，是在室内还是在室外
故事线索	剧情如何发展，利用怎样的叙述方式来调动观众的情绪
影调运用	根据短视频的主题情绪，配合相应的影调，如悲剧、喜剧、怀念、搞笑等
音乐运用	根据短视频的主题来选择恰当的音乐，渲染短视频剧情
镜头运用	使用什么样的镜头进行短视频内容的拍摄

↘ 2.3.2　短视频脚本的3种形式

1．拍摄提纲

拍摄提纲就是为短视频搭建的基本框架。在拍摄短视频之前，创作者需要将拍摄的内容罗列出来。选择拍摄提纲这种脚本策划形式，大多是因为拍摄内容存在不确定的因素。这种脚本策划形式比较适合纪录类和故事类短视频的拍摄。

2．文学脚本

文学脚本在拍摄提纲的基础上增添了一些细节内容，使脚本更加丰富、完善。它将短视频拍摄过程中的可控因素罗列出来，而将不可控因素放置到现场拍摄中随机应变，所以它使短视频在视觉效果和制作效率上都有提升。文学脚本适合一些不存在剧情、直接展现画面和表演的短视频的拍摄。

3．分镜头脚本

分镜头脚本最细致，可以将短视频中的每个画面都体现出来，会将对镜头的要求逐一列出来。分镜头脚本创作起来最耗费时间和精力，也最为复杂。

分镜头脚本对短视频的画面要求很高，适合类似微电影形式的短视频。由于这种类型的短视频故事性强，对更新周期没有严格限制，所以创作者有大量的时间和精力去策划，而使用分镜头脚本既能满足严格的拍摄要求，又能够提高拍摄画面的质量。

分镜头脚本必须充分体现短视频故事所要表达的内容，还要简单易懂，因为它是一个在拍摄与后期制作过程中起着指导性作用的总纲领。此外，分镜头脚本还必须清楚地表明对话和音效，这样才能让后期制作完美地表达原剧本的主旨。

↘ 2.3.3　按照短视频大纲安排素材

短视频大纲属于短视频策划中的工作文案。创作者在撰写短视频大纲时需要注意两点：一是大纲要呈现出主题、故事情节、人物与题材等短视频要素；二是大纲要清晰地展现出短视频所要传达的信息。

主题是短视频大纲中必须包含的基本要素。主题是短视频要表达的中心思想，即"想要向观众传递什么信息"。每个短视频都有主题，而素材是支撑主题的支柱。只有具备了支柱，主题才能够撑起来，短视频才能更具有说服力。

故事情节包括故事和情节两个部分，故事要通过叙事的各要素进行描述，如时间、地点、人物、起因、经过、结果，而情节用来描述短视频中人物所经历的波折。故事情节是短视频拍摄的主要部分，素材收集也要为该部分服务，道具、人物造型、背景、风格、音乐等都需要视故事情节而定。

短视频大纲还包括对短视频题材的阐述，不同题材的作品具有不同的创作方法和表现形式。例如，对科技数码类短视频来说，数码类产品本身具有复杂性，且更新速度较快，虽然这能够给创作者带来源源不断的各种素材，也有助于创作者保持用户的黏性，但创作者在拍摄这类短视频时，一定要注意严格把控素材的时效性，这就需要创作者获得第一手素材，快速进行处理并制作出短视频，然后对短视频进行传播。

2.4　不同类型短视频策划要点

短视频内容越来越多，类型也越来越多，如何寻找好的选题成了短视频创作者首先要关心的问题。目前短视频行业各类选题层出不穷，时尚类、美食类、猎奇类、旅行类等各类选题不胜枚举，本节将通过实例向读者介绍一些不同类型短视频的选题策划要点。

↘ 2.4.1　幽默喜剧类

幽默喜剧类短视频的受众比较广，其娱乐搞笑的内容能够引起大多数观众的兴趣。只要不涉及敏感内容，幽默喜剧类短视频就能够拥有众多移动端、PC 端观众。幽默喜剧类短视频中有一个很火的门类——"吐槽"类。

"吐槽"类短视频是非常受观众喜欢的一种短视频，此类短视频通常针对当前热点问题进行"吐槽"，其语言犀利、幽默，对很多问题一针见血，深受广大观众喜欢。但是对创作者来说，虽然是"吐槽"，但也要坚持正能量，并且不能触犯国家法律。图 2-1 所示为"吐槽"类短视频截图。

图 2-1　幽默喜剧类的短视频截图 1

除此之外，"吐槽"的点要狠、准、深。所谓"狠"，就是要对他人的话语或是某个事件中的薄弱点进行言语比较犀利的"吐槽"。创作者要注意控制好"吐槽"的尺度，一方面不能太客气，以免"吐槽"不疼不痒，没有效果；另一方面要保持幽默感。所谓"准"，就是要抓准被"吐槽"的人或事的根本特点，避免对一些无关痛痒的内容进行"吐槽"。所谓"深"，是指"吐槽"不仅要为观众带去欢乐，还要揭示较为深刻的道理。这样"吐槽"类短视频才能走得更远。图 2-2 所示为"吐槽"类短视频截图。

图 2-2　幽默喜剧类的短视频截图 2

↘ 2.4.2　生活技巧类

生活技巧类短视频同样有着不小的受众，短短几分钟就能学会一个可以使生活变得便捷的小窍门是广大用户所乐见的。生活技巧类短视频的基本诉求是"实用"，创作者在策划这类短视频时要注意以下 4 点。

1. 通俗易懂

这类短视频具有一个特点，即将困难的事变简单。比如一些软件公司制作这类短视频，其目的是教新手用户使用软件。短视频内容一定要通俗易懂，具体体现在话语通俗和步骤详细上，甚至在一些关键的地方要放慢节奏。

2. 实用性强

生活技巧类短视频的题材要贴近生活，并且能为用户带来生活上的便利。如果在用户观看完短视频之后，短视频并没有给其带来实质性的帮助，那么这样的短视频作品无疑是失败的。所以创作者在制作短视频前，一定要收集、整理、分析数据，看看目标用户在生活上有怎样的困难，然后针对性地制作短视频以帮助用户解决问题。此类短视频的实用性是非常重要的。图2-3所示为生活技巧类短视频截图。

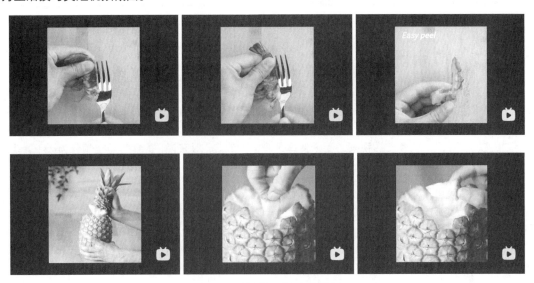

图2-3　生活技巧类短视频截图

3. 讲解方式有趣

一般来说，生活技巧类短视频比较枯燥。为了能更好地引起用户的兴趣，在讲解方式上，创作者可以采用夸张的手法，表现操作失误所带来的后果。

4. 标题新颖、具体

短视频标题的选取十分重要，一个好的标题往往能快速引起用户的注意，从而使用户产生观看短视频的欲望。因此，短视频标题一定要新颖、具体，比如"戒指卡住手指怎么办？一招轻松取下"就比"戒指卡住手指取下的方法"好很多；"活了20多年才知道手机插头还有这样的妙用，看完我也试一试"就比"手机插头还能这样用"吸引人；"胶带头难找？那是因为你没学会这3招"就比"如何快速找胶带头"新颖、具体很多。图2-4所示为新颖、突出的生活技巧类短视频标题。

图2-4　新颖、突出的生活技巧类短视频标题

图 2-4　新颖、突出的生活技巧类短视频标题（续）

↘2.4.3　美食类

美食类短视频在我国广受欢迎似乎并不需要什么特别的理由，几千年的美食文化注定了美食类短视频一定大有可为，并且能够在长时间内持续产出优质内容，毕竟几千年的积淀，总会有好的题材可以挖掘。

"民以食为天"，美食类短视频的受众群体是非常大的。一般来说，美食类短视频分为以下 4 类。

1. 美食教程类

美食教程，简单来说就是教用户一些做饭的技巧。"日日煮"是一个典型的美食教程类短视频节目，观众通过短短几分钟的时间就可以收获一道美食的制作方法。虽然是做饭，但是"日日煮"的短视频十分精致，每一个镜头、每一段文字及音乐都恰到好处，很容易勾起观众的食欲。而且每期节目的菜品都会通过用户建议反馈、时令及实时热点来确定。图 2-5 所示为"日日煮"的短视频截图。

图 2-5　"日日煮"的短视频截图

2. 美食品尝类

与美食教程类短视频截然不同，美食品尝类短视频的内容更简单、直接，其观众对美食的评价主要来自视频中人物的表情动作，以及人物对美食味道的感受。美食品尝类短视频通常有以下两种类型：一是美食品尝、测评，这类短视频像是一个美食指南，帮助观众发现、甄别、选择美食；

二是"吃秀"，这类短视频通过比较直接、夸张的吃饭表演，给用户打造出一种模拟的真实感或猎奇感。图2-6所示为美食品尝类短视频截图。

图2-6　美食品尝类短视频截图

3. 美食传递类

现代人生活节奏快，每天都要面对来自各方面的压力。通过在某种情境中制作美食来传达某种生活状态，成了美食类节目的一个爆点。在"日食记"的短视频中，不管是温和娴熟的制作手法，还是温馨浪漫的室内环境，都是经过精心策划的，这时的美食不单单是道菜品，更是忙碌的都市人追求的一种生活状态。图2-7所示为"日食记"的短视频截图。

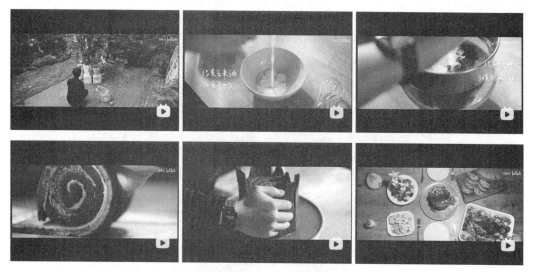

图2-7　"日食记"的短视频截图

4. 娱乐美食类

短视频对大众来说主要是忙碌之余的消遣品，所以搞笑、娱乐类的内容很容易吸引用户。美食类短视频也不例外，很多创作者都将美食类的内容以搞笑的方式进行呈现。"搞笑＋美食"增加了内容的娱乐性、趣味性，这类短视频更容易获取用户，而且用户群也相对更广泛。图2-8所示为"菜菜美食日记"的短视频截图。

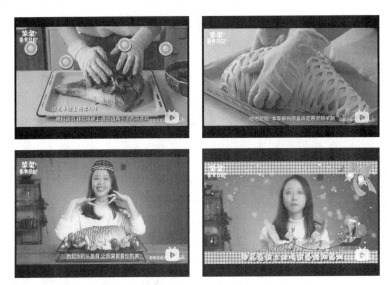

图 2-8　"菜菜美食日记"的短视频截图

↘ 2.4.4　时尚美妆类

　　时尚美妆类短视频一直在女性用户中火爆，甚至也受到部分男性用户的青睐。用户观看该类短视频就是为了从中学习一些技巧来让自己变美，因此，创作者在策划这类短视频时，不仅要注意技巧的实用性，还要紧跟时尚潮流。

　　每个人对时尚的理解不同，而且时尚领域很复杂，因此，创作者在制作短视频之前，一定要进行大量的前期调研。比如当季流行服饰类短视频，在制作之前，创作者要对服装饰品的流行元素和常见的品牌有一定的了解。而对于个人穿搭类短视频，要求就简单很多，创作者只要将自己的穿搭经验分享给用户即可。图 2-9 所示为时尚类短视频截图。

图 2-9　时尚类短视频截图

　　美妆类短视频也深受广大用户的青睐。一般来说，美妆类短视频可以分为 3 种：技巧类、测评类和仿妆类。技巧类美妆短视频最受化妆初学者或是想要提高自己化妆技巧的用户欢迎。这类短视频在内容制作上要着重展示每一步化妆技巧，以便用户能轻松学习。测评类美妆短视频往往先由创作者对同类美妆产品进行试用和测评，然后给予对美妆产品了解较少或者在选品上犹豫不决的用户一些建议。仿妆类美妆短视频往往是创作者具备了一定的化妆技巧后，其按照明星的样子进行化妆，然后制作短视频。图 2-10 所示为美妆类短视频截图。

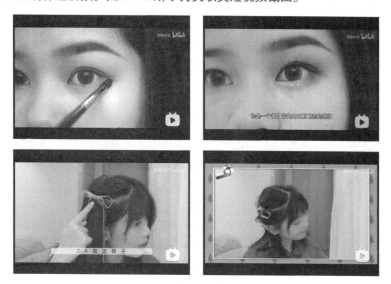

图 2-10　美妆类短视频截图

↘ 2.4.5　科技数码类

虽然科技数码类短视频的女性受众相对较少，但其仍不失为一类优质选题。首先，数码产品更新迭代快，这能为短视频创作带来源源不断的创作素材。其次，随着手机等个人数码设备的普及，人们对科技数码产品的兴趣逐渐增加，这意味着科技数码类短视频会有比较好的市场，而且能持续吸引目标受众群体。

在策划科技数码类短视频时，创作者首先要得到第一手信息，然后进行处理、加工，并传递给受众群体。不仅如此，在内容策划上，创作者还要给受众一个可以参考、比较的东西。比如在介绍新发布的手机时，如果仅介绍手机的整体外观、性能、工艺等如何优秀，就很难让受众有一个明确的概念，而如果把该款手机和其他同类产品做一个比较，用户对该款手机的认识就会深刻很多。图 2-11 所示为科技数码类短视频截图。

图 2-11　科技数码类短视频截图

2.5 短视频内容策划的三大技巧

短视频团队通过内容策划，可以将前期复杂、零碎的准备过程转化为具体的实施方案，团队的每个成员也都能清楚地知道自己应该做什么、从什么方面入手。通过内容策划，短视频团队还可以使短视频最终呈现得更加完整，从而使其从众多的同类短视频中脱颖而出，获得用户的认可。

↘2.5.1 主题明确、突出

短视频的主题不是随随便便就可以确定的，它要经过短视频团队的精心策划，才不会产生定位错误的情况。选择合适的主题，进行精准定位，才能够最大限度地吸引目标用户的关注。

那么，如何才能确定短视频的主题呢？主要通过 3 个方面：市场调研、自身喜好和用户需求，如图 2-12 所示。

图 2-12　通过 3 个方面确定短视频主题

1. 市场调研

在确立短视频的主题之前，短视频创作者首先要进行市场研究。能够在网络中受到人们欢迎的短视频，一定有其独特之处，短视频创作者应该对其进行反复观看，找出其亮点并加以记录，从而了解当下的市场需求，避免选择冷门主题。

不同的平台有不同的特点，短视频创作者应该对各类平台分别加以调查研究，将所得到的数据制成图表，进行对比分类，根据目标用户来选出其中的最优主题，这样才能保证短视频作品可以吸引用户的注意。

图 2-13 所示为科普短视频截图。该短视频通过诙谐、幽默的卡通插画并配合夸张的讲解，使观众很容易也很乐意去接受所讲解的科普知识，其别出心裁的表现方式让人眼前一亮。

图 2-13　科普短视频截图

2.自身喜好

短视频创作者自身的喜好也是影响短视频质量的重要因素。当一个人喜爱一件事的时候，就会针对其进行更多的了解，于是在自身的知识储备库中就积累了大量的素材，从而在制作相关的短视频时就能想出更好的内容。创作者如果贸然选择一个自己从未涉足的主题，最终的成品很可能会因为了解不足而出现漏洞，这样会使用户在观看之后怀疑短视频创作者的专业度，从而留下不好的印象。

例如，很多人喜欢旅行，他们通过短视频的方式将旅行过程中的所见所闻和风景记录下来，制作成旅拍 Vlog 短视频，如图 2-14 所示。

图 2-14　旅拍 Vlog 短视频截图

3.用户需求

短视频成品最终是要面向目标用户进行宣传推广的，而能否得到目标用户的认可，则与主题的选择有着极大的关系。短视频主题的选择必须满足目标用户的需求，这样才能使目标用户有观看的欲望。

要了解用户需求，短视频创作者需要进行前期调研。此类调研需要较为庞大的数据才能得出确切的结果，每个数据都必须保证真实、有效，这样才能避免最终结果产生偏差。短视频创作者在进行数据处理时，要使用科学的方法，从而在保证正确率的基础上提升效率，减少不必要的时间浪费。

短视频创作者在确定短视频的主题后，还要注意把握最终成品的时长。短视频之所以能够受到人们的欢迎，是因为其方便人们在碎片时间里进行观看，这就要求短视频的长度不能太长，否则短视频就会失去市场竞争力。但是也不能太短，过短的成品很难表达出创作者的全部意图，难以真正令用户理解与认可。

例如，很多新手妈妈为了宝宝每天吃什么而伤透脑筋，这时关于宝宝辅食制作的短视频就满足了新手妈妈的需求。图 2-15 所示为宝宝辅食制作的短视频截图。

  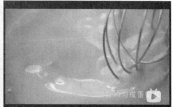

图 2-15　宝宝辅食制作的短视频截图

图 2-15　宝宝辅食制作的短视频截图（续）

↘ 2.5.2　策划方案可执行

短视频的方案策划除了需要满足用户的需求，还必须可执行。可执行的策划方案才具备意义，否则只是纸上谈兵，没有任何实际的用途。短视频策划方案的可执行性与可用的资金量、人员的安排、拥有的资源等是分不开的，创作者只有全面考虑这些实际的问题，才能做出一个可落地、可执行的方案。图 2-16 所示为短视频创作者在进行方案策划时需要考虑的问题。

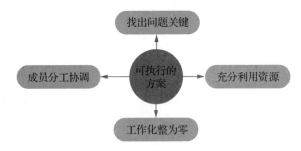

图 2-16　进行方案策划需要考虑的问题

1. 找出问题关键

不同主题的短视频策划方案，在制订过程中都会遇到各种各样的问题。为了确保最终得出的方案具有可执行性，短视频创作者必须找出这些问题的关键点，然后针对关键点做出一个解决的计划。解决的计划中需要包含策略以及实施的步骤，这样在执行的时候才可以有条理地进行，避免产生纰漏。

某些时候，短视频的策划方案或许存在不止一个问题，短视频创作者就要按照重要程度进行排列，优先解决关键问题，不能顾此失彼。关键问题会决定该策划方案最终能否进行推行。

2. 充分利用资源

资源对每一个短视频而言，都具有非凡的意义。短视频创作者手中握有的资源越多，其在实施计划的时候起点也就越高，而高起点可以使短视频成品更容易取得好的效果。

对一个短视频策划方案而言，资源包括方方面面。最基本的就是资金资源，启动资金越充足，短视频拍摄所使用的道具布景就越精致，最后得到的效果也就越高级。除资金以外，人脉也是非常重要的一种资源。广阔的人脉可以使短视频的制作成本降低，等到最终运营推广的时候，短视频成品也会得到更多知名人士的推荐，从而快速吸引人们关注。

3. 工作化整为零

一个短视频从策划到制作再到最终的运营，每一步都有复杂的工作流程。如果创作者没有头绪就毫无章法地盲目开展工作，则很容易走上弯路，从而降低工作效率。为了避免这一情况，短视频创作者应该在策划方案中将工作化整为零。

短视频取得良好的运营推广效果是最终目标。在这个目标达成前，短视频创作者还有许多工作要完成。短视频创作者应该将整个工作流程分成一个个阶段，并且每一个阶段都制订一个小目标。小目标更容易达成，也会给短视频创作者指引方向，使其以较为轻松的心态来进行每一步的工作。

4. 成员分工协调

对最终成品要求较高的短视频作品由一个人单独完成无疑是非常困难的，在这种时候就必须组建团队，由具有不同专业技能的人员共同实施，这样可保证制作效率。而在一个团队当中，如何分工协调就显得非常重要了。好的分工协调机制可以使工作效率更高，反之则会造成各种困难。为了能够具体分工，策划方案中必须加以标明，以使各成员有据可依。

团队成员的分工必须详细，策划方案中必须标明每个人应该在多长的时间内完成什么工作。标明具体工作可以使成员对于自己的职责更加明确，防止产生互相推诿的情况。而规定时间则可以帮助成员提高效率，避免因拖延而影响最终短视频成品的发布时间。

 小贴士

在团队合作中，沟通是非常重要的。无论是在同级成员之间还是在负责人与成员之间，良好的沟通都能产生事半功倍的效果。负责人在安排工作任务的时候，必须向成员讲清楚其具体要做的工作是什么，这样才能使其在操作过程中不产生混乱。而同级成员之间，在遇到问题的时候也要加强沟通，避免因个人错误而影响整个短视频制作的情况发生。

↘ 2.5.3　快速进入短视频内容高潮

用户的时间往往是有限的，短视频的时长虽短，但是如果迟迟不能进入内容的高潮，同样会使用户难以产生看下去的欲望。再好的内容如果不能被看到，也同样是毫无意义的。为了避免这种情况，创作者应该通过一些技巧，使短视频在开篇处就能快速进入高潮，吸引用户的目光。

图 2-17 所示为小黄人圣诞节短视频截图。该短视频刚开始就进入小黄人唱圣诞歌的环节，诙谐、可爱的表演一下子就能够抓住观众的目光，然后才进入短视频的主体内容部分。

图 2-17　小黄人圣诞节短视频截图

对于非剧情类的短视频，短视频创作者应该在开头就介绍本短视频的目的，以起到快速引起用户兴趣的作用。为了保证用户能够持续看下去，创作者还可以在开头设置一个悬念，并且在之后通过语言等不断加深此悬念，以使用户产生好奇心，从而始终保持观看的欲望。

图 2-18 所示为某汽车自媒体的短视频截图。每个短视频都是通过一个观众比较关心的问题引出，之后通过可爱的漫画形象来展开对问题的讨论和讲解，并且短视频标题就能够引起观众的好奇心。

图 2-18　某汽车自媒体的短视频截图

而剧情类的短视频，则需要在故事的开篇就制造一个小高潮，牢牢抓住观众的眼球。故事类的短视频与电影类似，虽然没有电影的技术含量要求高，但是在叙事结构上是类似的。图 2-19 所示为"三幕剧"的基本结构。

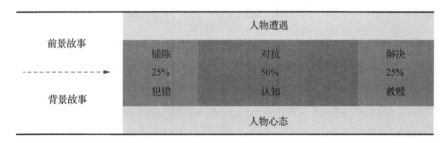

图 2-19　"三幕剧"的基本结构

为了使用户能够快速进入内容的高潮，短视频创作者在剧情结构的安排上，要注意一定的章法。短视频的时长较短，短视频创作者在剧情的安排上也应该注意到这点，快速地切入关键点可以使剧情更加紧凑，避免叙事结构混乱。短视频的内容可分为两大主体：一个是人物；另一个是故事。人物决定故事，而故事也会影响到人物。

目前，通过卡通动画形式来表现剧情小故事的短视频非常流行，如图 2-20 所示。制作这样的短视频，要求创作者具备较强的卡通绘画和动画制作能力，同时出色的剧情也是必不可少的。

在人物塑造方面，短视频在开篇就要快速介绍主要人物的具体情况，指出其在此刻所面临的困境，这就是在开篇制造了一个该如何解决这个困境的小高潮，这样可使用户在一开始就快速进入内容高潮，心中怀着对这个悬念的疑问坚持看下去。这也是"三幕剧"结构中人物开始"犯错"的阶段。对于人物的具体设定，短视频创作者在策划阶段就必须完成，这样在编排故事时就不会和人物的性格背景相脱离，避免用户在观看的时候产生违和感。

在故事的塑造上，虽然为了能够叙事清楚，需要一定的铺陈，但是太过具体的铺陈会使这部分变得冗长，令用户丧失观看兴趣。为了能够更加快速地进入高潮，对于故事的背景介绍，创作者可以采取在后续发展中进行倒叙或者闪回的方法。短视频在开篇处直接进入故事发展的最重要的关键点，可使用户欲罢不能。故事发展的节奏在开篇处要尽量加快，这样可调动起用户的情绪。

图2-20 卡通动画形式的剧情小故事

人物与故事是相互呼应的关系，想要使用户快速进入内容高潮，这两个部分的设计缺一不可。在策划阶段，短视频创作者就应该将内容发展的时间轴列出来，这样可以使整个内容更加连贯完整，有更高的艺术价值。在手法上，短视频创作者可以学习一些经典电影的惯用手法，这样可以使最终完成的短视频作品更加专业。

2.6 本章小结

短视频可表达创作者的内心愿望和诉求，表达创作者的理念与观点，体现创作者对社会的思考。本章主要介绍了短视频创意与策划的相关内容，通过对本章内容的学习，读者能够掌握短视频策划的方法，并能够将其应用到短视频创作过程中。

第3章

短视频的前期拍摄

短视频拍摄既包含技术手段又包含艺术创作。创作者要进行画面形象的造型，就必须掌握一定的艺术造型手段，也就是掌握短视频画面的构图方法。通过构图，可以达到画面内容与表现形式的统一，以完美的画面形象结构与最佳的画面效果来表现主题。

本章将讲解短视频拍摄的相关知识，内容包括短视频拍摄所需设备、短视频拍摄基础、短视频画面的结构元素、短视频画面的形式要素、短视频画面的构图方法和形式等，以期读者能够理解并掌握短视频的拍摄方法和技巧。

3.1　短视频拍摄所需设备

拍摄视频需要一定的专业技巧，尤其是拍摄几十秒的短视频，每个镜头都需要反复思考，有些视频还需要特殊的拍摄装备。所以短视频创作者选好设备，对拍摄短视频具有直接的影响。

↘ 3.1.1　拍摄设备

虽然手机的拍摄功能已经非常强大，但是相比于专业的拍摄器材，手机拍摄的质量仍然略显不足。目前常用的短视频拍摄设备有手机、单反相机、家用 DV 摄像机、专业级摄像机等。

1. 手机

手机的最大特点就是方便携带，我们可以随时随地进行拍摄，遇到精彩的瞬间就可以拍摄下来永久保存。但是因为不是专业的摄像设备，所以它的拍摄像素低，拍摄质量不高。如果光线不好，拍出来的照片容易出现噪点。而且用手机拍摄会出现手颤抖的情况，造成视频画面剧烈抖动，后期的视频衔接会出现"卡顿"。针对手机拍摄视频过程中的种种问题，我们可以用一些"神器"来助阵。

（1）手持云台

用手机进行拍摄时，可配备专业的手持云台，以避免因为手抖动造成的视频画面晃动等问题。手持云台适用于一些对拍摄技巧需求高的用户。图 3-1 所示为手持云台设备。

（2）自拍杆

作为一款风靡世界的自拍"神器"，自拍杆能够帮助人们通过遥控器完成多角度拍摄动作，是拍摄短视频过程中的一款主力"神器"。该设备适用于一些常常外出旅游的短视频创作者。图 3-2 所示为自拍杆设备。

图 3-1　手持云台设备　　　　　　图 3-2　自拍杆设备

（3）手机支架

手机支架可以释放拍摄者的双手，将它固定在桌子上还能防摔、防滑。手机支架适用于拍摄时双手需要做其他事情的短视频创作者。图 3-3 所示为手机支架设备。

（4）手机外置摄像镜头

手机外置摄像镜头可以使拍摄出来的画面更加清晰，人物的形态也会更加生动、自然。手机外置摄像镜头适用于想拍好短视频和享受短视频乐趣的任何人，其操作简单，价格不算贵。图 3-4 所示为手机外置摄像镜头设备。

图 3-3　手机支架设备　　　　图 3-4　手机外置摄像镜头设备

2. 单反相机

单反相机是一种中高端摄像设备，它拍摄出来的视频画质比手机拍摄的效果好很多。如果操作得当，有的时候拍摄出来的效果比摄像机还要好。

单反相机的主要优点在于能够通过镜头更加精确地取景，拍摄出来的画面与实际看到的影像几乎是一致的。单反相机具有卓越的手控调节能力，可以调整光圈、曝光度及快门速度等，能够取得比普通相机更加独特的拍摄效果。它的镜头也可以随意更换，从广角到超长焦，只要卡口匹配完全可以随意更换。

但是单反相机的价格比较昂贵，并且它的体积较普通相机来说比较大，便携性比较差。单反相机的整体操作性也不强，初学者可能很难掌握拍摄技巧。单反相机没有电动变焦功能，这就使拍摄过程中会出现变焦不流畅的问题。部分单反相机的连续拍摄时间有限制，这样会造成因拍摄时间过短而将视频录制不全等问题。

图 3-5 所示为单反相机。

3. 家用 DV 摄像机

家用 DV 摄像机小巧、方便，家庭旅游或者活动的拍摄都可以使用，其清晰度和稳定性都很高，方便我们记录生活。尤其是它的操作步骤十分简单，可以满足很多非专业人士的拍摄需求；并且家用 DV 摄像机内部存储功能强大，可以长时间进行录制。

图 3-6 所示为家用 DV 摄像机。

图 3-5　单反相机

图 3-6　家用 DV 摄像机

4. 专业级摄像机

专业级摄像机常用于新闻采访或者参加会议活动，它的电池蓄电量大，可以长时间使用，并且自身散热能力强。

专业级摄像机具有独立的光圈、快门及白平衡等设置，拍摄起来很方便，但是画质没有单反相机的拍摄画质好。专业级摄像机的体型巨大，拍摄者很难长时间手持或者肩扛；它的价格昂贵，普通的专业级摄像机也要 2 万元左右。

图 3-7 所示为专业级摄像机。

图 3-7　专业级摄像机

 小贴士

无论使用哪种短视频拍摄设备，都是为了帮助我们完成短视频的录制。选择哪种拍摄设备主要取决于我们的具体需求和预算，要根据具体情况而定。

↘3.1.2　稳定设备

进行短视频拍摄时，摄影师不能一直手持拍摄设备拍摄，必须借助独脚架、三脚架、视频云台或者稳定器。

　　先说独脚架、三脚架和视频云台。如果拍摄要求不高，大部分摄影用的独脚架和三脚架是可以胜任的；如果拍摄要求较高，则需要更换视频云台。视频云台可通过油压或者液压，实现均匀的阻尼变化，从而实现镜头中"摇"的动作。图3-8所示为独脚架、三脚架和视频云台。

图 3-8　独脚架、三脚架和视频云台

　　另外，稳定器的选择。现在稳定器非常多，常见的包括手机稳定器、微单稳定器和单反稳定器（大承重稳定器）。

　　读者在选择稳定器时，还需要考虑两个因素：一是稳定器和我们使用的相机型号能否进行机身电子跟焦，如果不能，则需要考虑购买跟焦器；二是稳定器使用时，必须进行调平，虽然有些稳定器可以模糊调平，但是严格调平，使用起来更高效。

 小贴士

　　选择稳定器，首先要考虑稳定器的承载能力。如果使用的是小型微单，选择微单稳定器就可以了；但是如果使用的拍摄设备重量较大，或者拍摄设备的镜头比较大，则建议选择较大型的单反稳定器。

↘ 3.1.3　收声设备

　　收声设备是最容易被忽略的设备，但是短视频拍摄获取的是图像 + 声音，因此收声设备非常重要。

　　收声依靠机内话筒是远远不够的，因此我们需要外置话筒。常见的话筒有无线话筒（又称"小蜜蜂"）和指向性话筒（也就是常见的机顶麦）。

　　话筒的种类非常多，不同话筒适用于不同的拍摄场景。无线话筒一般适合现场采访、在线授课、视频直播等环境，图3-9所示为无线话筒。机顶麦适合一些现场收声的环境，例如微电影录制、多人采访等，图3-10所示为机顶麦。

图 3-9　无线话筒　　　　　　　　　图 3-10　机顶麦

小贴士

通常，为了更好地保证收声效果，如果相机具备耳机接口，尽可能使用监听耳机进行监听，以保证声音的正确。另外，室外拍摄时，风声是对收声最大的挑战，所以我们在室外拍摄时，一定要用防风罩降低风噪。

3.1.4 灯光设备

灯光设备对短视频拍摄同样非常重要，因为短视频拍摄很多是以人物为主体的，所以很多时候需要用到灯光设备。灯光设备并不算日常短视频拍摄的必备器材，但是如果想要获得更好的视频画质，灯光是必不可少的。

好的灯光设备，对提升视频质量来说非常重要。不过，日常的短视频拍摄并不需要特别专业的大型灯光设备，一些小型的 LED 补光灯（主要用于录像、直播）或射灯（主要用于拍摄静物）其实就足够用了。图 3-11 所示为小型的 LED 补光灯和射灯。

图 3-11 小型的 LED 补光灯和射灯

3.1.5 其他辅助设备

为了更好地实现日常短视频拍摄，一般还需要一些辅助设备，常见的辅助设备有反光板、幕布等。

1. 反光板

对于光线直接照射的画面，如果想要获得更好的曝光效果，拍摄者可以尝试使用反光板，如直径为 80cm 的反光板足以满足需求。

2. 幕布

很多真人出镜的视频，背景过于混乱会直接影响观看体验。这时候可以尝试使用幕布，纯色、定制色、不同图案的幕布都能购买到。固定幕布时最好使用无痕钉，以达到无痕的效果。

3.2 短视频拍摄基础

在进行短视频正式拍摄之前，我们需要熟悉短视频拍摄的相关设备、熟练掌握相关拍摄设备的功能和操作方法；除此之外，我们还需要理解短视频拍摄的一些专业术语和基础理论。这样有助于我们在短视频拍摄过程中更好地表现视频主题，表现出丰富的视频画面效果。

↘ 3.2.1　景别

景别是指由于拍摄设备与被拍摄物体的距离不同，从而造成被拍摄物体在视频画面中所呈现出的范围大小的区别。景别一般分为以下8类。

1. 远景

远景一般用来表现远离拍摄设备的环境全貌，展示人物及其周围广阔的空间环境。它相当于从较远的距离观看景物和人物，视野宽广，能包容广大的空间，人物较小，背景占主要地位。画面给人以整体感，但细节部分不是很清晰。

2. 大全景

大全景是指包含整个拍摄主体及其周边环境的画面，通常用来作为视频作品的环境介绍。

3. 全景

全景用来表现场景的全貌与人物的全身动作，在视频中用于表现人物之间、人与环境之间的关系。全景画面中包含整个人物形貌，既不像远景那样由于细节过小而不能很好地进行观察，又不会像中近景画面那样不能展示人物全身的形态、动作。在叙事、抒情和阐述人物与环境的关系上，全景起到了独特的作用。

4. 中景

画框下边卡在膝盖部位或画框定位于场景局部的画面称为中景画面。

中景是叙事功能最强的一种景别。在包含对话、动作和情绪交流的场景中，利用中景景别可以最有利、最兼顾地表现人物之间、人物与周围环境之间的关系。中景的特点决定了它可以更好地表现人物的身份、动作以及动作的目的。表现多人时，可以清晰地表现人物之间的相互关系。

5. 半身

当你想让画面中的人物表现出更多情感时，可以使用半身景别。半身是指画面底部要到人物腰部往上一点，头顶也要稍留空。半身也可以称为"中近景"。

6. 近景

拍到人物胸部以上，或拍物体的局部，称为近景。近景的屏幕形象是近距离观察人物的体现，所以近景能清楚地看清人物细微动作。近景也是人物之间进行感情交流的景别。近景着重表现人物的面部表情，传达人物的内心世界，是刻画人物性格最有力的景别。

7. 特写

画框下边定位于人物肩部以上，或画框定位于被拍摄对象的某一较小局部，称为特写镜头。特写镜头被拍摄对象充满画面，比近景更加接近观众。

特写画面视角最小，视距最近，画面细节最突出，所以能够最好地表现对象的线条、质感、色彩等特征。特写画面是对物体的局部放大，并且在画面中呈现这个单一的物体形态，所以使观众不得不把视觉集中，近距离仔细观察。特写有利于细致地对景物进行表现，也更易于被观众重视和接受。

8. 大特写

大特写仅仅在画框中包含人物面部的局部，或突出某一拍摄对象的局部。一个人的头部充满屏幕的镜头被称为特写镜头；如果把摄像机推得更近，让人物的眼睛充满屏幕的镜头，就称为大特写镜头。大特写镜头的作用和特写镜头是相同的，只不过在艺术效果上更加强烈。

↘ 3.2.2　拍摄角度

选择不同的拍摄角度就是为了将被拍摄对象最有特色、最美好的一面反映出来。当然，不同的拍摄角度肯定会得到截然不同的视觉效果。

1. 平拍

平视角度是最接近人眼视觉习惯的视角，也是短视频拍摄中用得最多的拍摄角度。平视拍摄就是拍摄设备的镜头与被拍摄主体都在同一水平线上，由于最接近于人眼视觉习惯，所以拍摄出的画面会给人以身临其境的感觉。采用平视拍摄可以给人以平静、平稳的视觉感受。用平视角度来拍摄人物或者建筑物不容易产生变形，适合用在近景和特写的拍摄题材上。图 3-12 所示为平拍的画面效果。

图 3-12　平拍的画面效果

平视拍摄有利于突出前景，但主体、陪体、背景容易重叠在一起，会对空间层次表现方面产生不利，因此在平视拍摄时，我们要通过控制景深、构图来避免重叠在一起的现象出现。

2. 仰拍

仰拍一般情况下是拍摄设备处于低于拍摄对象的位置，与水平线形成一定的仰角。这样的拍摄角度能很好地表达景物的高大，比如拍摄大树、高山、大楼等景物。由于采用的是仰视拍摄，视角有透视效果，所以拍摄的主体形成上窄下宽的透视效果，这样的画面就给人以高大挺拔的感觉。图 3-13 所示为抑拍的画面效果。

图 3-13　抑拍的画面效果

在仰视拍摄中，如果我们选用广角镜头拍摄，可以相比于普通镜头产生更加夸张的视觉透视效果；镜头离拍摄主体越近，这种透视效果会越明显，由此带给观众夸张的视觉冲击。另外，仰拍能很好地简化背景。因为仰拍是镜头向上，面对天空，所以可以很方便地简化拍摄主体杂乱的背景，从而突出主体。

3. 俯拍

俯拍是指拍摄设备位置高于人的正常视觉高度向下拍摄。将拍摄设备从较高的地方向下拍摄，与水平线形成一定的俯角，随着拍摄高度的增加，俯视角（俯视范围）也在变大，拍摄景物随着高度的增加，透视感在不断增强，最终，在理论上景物会被压缩至零而呈现平面化的效果。图 3-14 所示为俯拍的画面效果。

在外景的俯拍中，高度和景别的配合可以是任意的角度，可表现人与人、人与空间之间的关系。大的空间中采用俯拍会让人体会到孤立无援的状态，例如一个人在沙漠上行走。一般情况下俯视拍摄很少采用 90° 角进行拍摄。但在一些特殊的场景中此手法却能给人带来更为出色的视觉冲击力，例如体现空间的狭小，这种竖直的俯拍也被称为"上帝之眼"。

图 3-14 俯拍的画面效果

4. 倾斜角度

选择倾斜视角进行拍摄，能够让画面看起来更加活泼、更具有戏剧性。在采用倾斜角度进行拍摄时，画面中最好不要有水平线，比如地平线、电线杆等，这些线条会让画面产生严重的失衡感，看起来很不舒服。图 3-15 所示为倾斜角度拍摄的画面效果。

图 3-15 倾斜角度拍摄的画面效果

5. 鸟瞰角度

鸟瞰镜头是一种以在天空中飞翔的鸟类视角为镜头视角的摄像手法。鸟瞰镜头往往用来表现壮观的巨大城市市貌、绵延万里的山川河流、万马奔腾的战场、一望无际的辽阔海面等。鸟瞰镜头使观众对视野中的事物产生极具宏观意义的情感。图 3-16 所示为鸟瞰角度拍摄的画面效果。

图 3-16 鸟瞰角度拍摄的画面效果

↘ 3.2.3 固定镜头拍摄

固定镜头拍摄是指在摄像机的位置不动、镜头光轴方向不变、镜头焦距长度不变的情况下进行的拍摄。固定镜头这种"三不变"的特点，决定了镜头画框处于静止状态。需要注意的是，虽然画框不变，但画面表现的内容对象可以是静态的，也可以是动态的。固定镜头画框的静态给观众以稳定的视觉效果，保证了观众在视觉生理和心理上得以顺利接受画面传达的信息。图 3-17 所示为资讯类短视频截图，这样的短视频通常采用固定镜头拍摄。

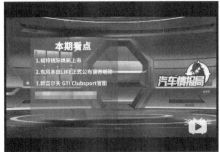

图 3-17　资讯类短视频截图

固定镜头是短视频作品中最基本、应用广泛的镜头形式。一切运动形式都是以静止为前提的，因此，固定镜头拍摄是运动镜头拍摄的前提和基础。拍摄者只有掌握了固定镜头拍摄的技能，才有可能更好地运用运动镜头拍摄。下面向大家介绍 3 个固定镜头拍摄的小技巧。

1. 镜头要稳

固定镜头画框的静态性要求固定镜头拍摄的画面要稳定，否则就会影响画面内容的质量。凡是有条件的都应该尽可能使用三脚架或其他固定摄像机机身的方式进行拍摄。

2. 静中有动

由于固定镜头画框不动，构图保持相对的静止形式，容易产生画面呆板的感觉，因此要特别注意捕捉或调动画面中的活动元素，做到静中有动、动静相宜，让固定镜头也充满生机和活力。

3. 合理构图

固定镜头拍摄非常接近于绘画和摄影，因而也注重构图。在拍摄时，选择拍摄的方向、角度、距离，注意前后景的安排以及光线与色彩的合理运用，实现画面的形式美，增强画面的艺术性和可视性。

↘ 3.2.4　运动镜头拍摄

运动镜头拍摄主要包括推镜头、拉镜头、摇镜头、移镜头、跟镜头、升降镜头、甩镜头和综合镜头等形式。

1. 推镜头

推镜头是指移动摄像机或使用可变焦距的镜头由远及近向被拍摄主体不断接近的拍摄方式。

推镜头有两种方式：一种是机位推；另一种是变焦推。机位推即摄像机的焦距不变，通过摄像机自身的物理运动，摄像机越来越靠近被拍摄主体。机位推往往用于描述纵深空间。变焦推即在机位不变的情况下，通过镜头做光学运动，即变焦环由广角到长焦的转换，将画面中的被拍摄主体放大。变焦推常用于表现静态人们的心理变化。当然也可以综合运用两种方式，机位推进同时变焦推进。图 3-18 所示为推镜头在短视频拍摄中的应用。

图 3-18　推镜头在短视频拍摄中的应用

2. 拉镜头

拉镜头和推镜头拍摄正好相反，拉镜头是摄像机不断远离被拍摄主体或变动焦距（由长焦到广角）由近及远地离开被拍摄主体的拍摄方式。

拉镜头也有两种方式：一种是机位拉；另一种是变焦拉。机位拉即摄像机的焦距不变，通过摄像机自身的物理运动，摄像机越来越远离被拍摄主体。机位拉适合展现开阔的视野场景。变焦拉即在机位不变的情况下，通过镜头做光学运动，即变焦环由长焦转换到广角，将画面中的被拍摄主体缩小。变焦拉比较适用于表现较小空间关系中人物拍摄、景别处理的变化。

3. 摇镜头

摇镜头是指摄像机的机位不变而改变镜头拍摄的轴线方向的拍摄方式。这是一种类似于人站定不动，只转动头部环顾四周观察事物的方式。摇镜头可以左右摇、上下摇、斜摇或者旋转摇。图 3-19 所示为摇镜头在短视频拍摄中的应用。

图 3-19　摇镜头在短视频拍摄中的应用

4. 移镜头

移镜头是指摄像机的机位发生变化，边移动边拍摄的拍摄方式。移镜头包括横移（摄像机运动方向与拍摄主体运动方向平行）、纵深移（摄像机在拍摄主体运动轴线上同步纵向运动）、曲线移（随着拍摄主体的复杂运动而做曲线移动）等多种方式。

5. 跟镜头

跟镜头是指摄像机始终跟随运动的被拍摄主体一起运动而进行拍摄的拍摄方式。跟镜头的运动方式可以是"摇跟"，也可以是"移跟"。跟拍使处于动态中的主体始终体现在画面中，而周围环境可能发生相应的变换，背景也会产生相应的流动感。图 3-20 所示为跟镜头在短视频拍摄中的应用。

图 3-20　跟镜头在短视频拍摄中的应用

6. 升降镜头

升降镜头是指摄像机借助升降设备做上下空间位移而进行拍摄的拍摄方式。升降镜头可以多视点表现空间场景，其变化的技巧有垂直升降、弧形升降、斜向升降和不规则升降 4 种类型。

图 3-21 所示为升降镜头在短视频拍摄中的应用。

图 3-21　升降镜头在短视频拍摄中的应用

7. 甩镜头

甩镜头是指急速地快摇摄像机镜头进行拍摄的拍摄方式，它是摇镜头拍摄的一种特殊拍法。通常是前一个画面结束后不停机，镜头快速摇转向另一个画面，被拍摄对象发生急剧变化而变得模糊不清，从而迅速改变视点。甩镜头的效果类似于我们观察事物时突然将头转向另一事物。甩镜头可用于强调空间的转换和同一时间内在不同场景中所发生的并列情景。

8. 综合镜头

综合镜头是指在一个镜头内将推、拉、摇、移、跟、升降、甩等多种形式的拍法有机地结合起来使用的拍摄方式。

综合镜头大致可以分为 3 种形式：第一种是"先后"式，即按运动镜头的先后顺序进行拍摄，如推摇镜头就是先推后摇；第二种是"包含"式，即多种运动镜头拍摄方式同时进行，如边推边摇、边移边拉；第三种是"综合"式，即一个镜头内综合前两种拍摄方式。

↘ 3.2.5　拍摄的基本要求

为了确保获得优质的画面，拍摄短视频时必须掌握以下 5 个拍摄要领。

1. 画面要平

画面的地平线要保持水平，这是正常画面的基本要求。如果水平线不平，画面表现的对象就会出现倾斜，使观众容易产生某种错觉，严重时还会影响观看效果。

保证画面水平的方法：使用具有水平仪的三脚架进行拍摄时，可以调整三脚架三只脚的位置或云台的位置，使水平仪内的水银泡正好处于中心位置，此时画面水平；如果以地平线为参考或拍摄方向发生了改变，这时就要以与地面垂直的物体做参照，如建筑物的垂直线条、树木、门框等，使其垂直线与画框纵边平行，就能够使画面呈现出水平的感觉。

2. 画面要稳

镜头晃动或画面不稳，观众会产生一种情绪不安的心理，而且容易产生视觉疲劳。因此，拍摄时要尽量保持镜头稳定，消除任何不必要的晃动。

保证画面稳定的方法：尽可能使用三脚架拍摄固定镜头；边走边拍时，为减轻震动，双膝应该略微弯曲，脚与地面平行移动；手持摄像机拍摄时使用广角镜头进行拍摄，可以提高画面的稳定性；推拉镜头与横移镜头最好在轨道车、摇臂上拍摄。

3. 摄速要匀

摄像机镜头运动的速度要保持均匀，切忌时快时慢、断断续续，要保证节奏的连续性。

保证镜头运动匀速的方法：使用三脚架拍镜头，首先要调整好三脚架上的云台阻尼，大小适中，使摄像机转动灵活，然后匀速操作三脚架手柄，使摄像机均匀地摇动。进行摄像机变焦操作时，采用自动变焦比手动变焦更容易做到匀速；推拉镜头与移动镜头时，要控制移动工具匀速运动。

4．摄像要准

通过一定的画面构图准确地向观众表达出创作者所要阐述的内容，这就要求拍摄对象、范围、起幅落幅、镜头运动、景深运用、色彩呈现、焦点变化等都要保证准确。

保证画面准确的方法：领会编导的创作意图，明确拍摄内容和拍摄对象；勤练习，掌握拍摄技巧。例如，运动镜头中的起幅落幅要准确，是指镜头运动开始时静止的画面点及结束时静止的画面点要准确到位，时间够长。起落幅画面一般要达到5秒以上的时间，这样才能方便后期编辑的镜头组接。又如，对于有前后景的画面，有时要求把焦点对准在前景物体上，有时又要求把焦点对准在后景物体上，拍摄者可以利用"变焦点"来调动观众的视点变化。再如，可以通过调整白平衡使色彩准确还原。

5．画面要清

清，是指所拍摄的画面要清晰，最主要的是保证主体物清晰。模糊不清的画面会影响观众的观看情绪。

保证画面清晰的方法：拍摄前注意保持摄像机镜头的清洁，拍摄时要保证聚焦准确。为了获得聚焦准确的画面，拍摄者可以采用长焦聚焦法，即无论主体远近，都要先把镜头推到焦距最长的位置，调整聚焦环使主体清晰，因为这时的景深短，调出的焦点准确，然后拉到所需的合适焦距位置进行拍摄。

当被拍摄物体沿纵深运动时，为了保证物体始终清晰，有3种方法：一是随着被拍摄物体的移动相应地不断调整镜头聚焦；二是按照加大景深的办法做一些调整，如加大物距、缩短焦距、减小光圈；三是采用跟拍，始终保持摄像机和被拍摄物体之间的距离不变。

3.3　短视频画面的结构元素

一个内容完整的镜头画面的结构元素主要包括主体、陪体、环境（前景、背景）和留白等，本节将分别对短视频画面的结构元素进行介绍。

↘ 3.3.1　主体

主体是短视频画面的主要表现对象，是思想和内容的主要载体和重要体现。主体既是表达内容的中心，也是画面的结构中心，在画面中起主导作用。主体还是拍摄者运用光线、色彩、运动、角度、景别等造型手段的主要依据。因此，构图的首要任务就是明确画面的主体。

短视频画面主体往往处于变化之中。在一个画面里，可以始终表现一个主体，也可以通过人物的活动、焦点的虚实变化、镜头的运动等不断改变主体形象。图3-22所示为以人物为表现对象的画面。

图3-22　以人物为表现对象的画面

小贴士

主体可以是人或物，也可以是个体或群体。主体可以是静止的，也可以是运动的。

1. 主体在画面中的作用

（1）主体在内容上占有绝对重要的地位，承担着推动事件发展、表达主题思想的任务。

（2）主体在构图形式上起主导作用，主体是视觉的焦点，是画面的灵魂。

2. 主体的表现方法

突出画面主体有两种方法：一是直接表现；二是间接表现。直接表现就是在画面中给主体以最大的面积、最佳的照明、最醒目的位置，将主体以引人注目、一目了然的结构形式直接呈现给观众。间接表现的主体在画面中占据的面积一般不大，但仍是画面的结构中心，有时容易被忽略，可以通过环境烘托或气氛渲染来反衬主体。

在实际拍摄过程中，突出主体的常见方法有以下3种。

（1）运用布局

合理的构图布局能处理好主体与陪体的关系，使画面结构主次分明。最常见的运用布局突出主体的构图方式有以下4种。

第一，大面积构图。主体直接安排在画面最近处，使主体在画面中占据较大的面积，如图3-23所示。

第二，中心位置构图。主体被安排在画面的几何中心，即画面对象线相交的点及附近区域。这个区域是画面的中心位置，也是观众视线最为集中的视觉中心，如图3-24所示。

图3-23　大面积构图突出主体　　　　　　　图3-24　中心位置构图突出主体

第三，九宫格构图。将被拍摄主体安排在画面九宫格交叉点或交叉点附近的位置上；这些点是视觉中心点，容易被眼睛关注，符合人们的视觉习惯，也容易与其他物体形成呼应关系，如图3-25所示。

第四，三角形构图。由画面中排列的3个点或被拍摄主体的外形轮廓形成一个三角形，这种构图方法也称为金字塔构图。这种构图给人以稳定、均衡的感觉，如图3-26所示。

图3-25　九宫格构图突出主体　　　　　　　图3-26　三角形构图突出主体

（2）运用对比

运用各种对比手法能突出主体，常见的对比手法有以下 4 种。

第一，利用摄像机镜头对景深的控制，产生物体间的虚实对比，从而突出主体，如图 3-27 所示。

第二，利用动与静的对比，以周围静止的物体衬托运动的主体，或在运动的物体群中衬托静止的主体，如图 3-28 所示。

图 3-27　虚实对比突出主体　　　　　图 3-28　动静对比突出主体

第三，利用影调、色调的对比刻画主体形象，使主体与周围其他事物在明暗或色彩上形成对比，以突出主体，如图 3-29 所示。

图 3-29　利用影调、色调对比突出主体

第四，利用大小、形状、质感、繁简等对比手段，使主体形象鲜明突出。

（3）运用引导

运用各种画面造型元素能将观众的注意力引导到被拍摄主体上，常用的引导方法有以下 4 种。

第一，光影引导。利用光线、影调的变化将观众的视线引导到主体上。

第二，线条引导。利用交叉线、汇聚线、斜线等线条的变化将观众的视线引导到主体上。

第三，运动引导。利用摄像机的镜头运动或改变陪体的动势，将观众的视线引导到主体上。

第四，角度引导。利用仰拍，强化主体的高度，突出主体的形象；利用俯拍所产生的视觉向下集中的趋势，形成某种向心力，将观众的视线引导到主体上。

3.3.2　陪体

陪体是指与画面主体密切相关并构成一定情节的对象。陪体在画面中与主体构成特定关系，可以辅助主体表现主题思想。图 3-30 所示的短视频画面中，人物是主体，大象是陪体。

图 3-30　视频中的主体与陪体

1. 陪体在画面中的作用

（1）衬托主体形象，渲染气氛，帮助主体展现画面内涵，使观众正确理解主题思想。例如，教师讲课的情景，作为陪体的学生在专心听课，就能说明教师上课具有教学吸引力。

（2）陪体可以与主体形成对比，构图上起到均衡和美化画面的作用。

2. 陪体的表现方法

在实际拍摄中，表现陪体的常见方法有以下两种。

（1）陪体直接出现在画面内与主体互相呼应，这是最常见的表现方式。

（2）陪体放在画面之外，主体提供一定的引导和提示，靠观众的联想来感受主体与陪体的存在关系。这种构图方式可以扩大画面的信息容量，让观众参与画面创作，引起观众的观赏兴趣。

需要注意的是，由于陪体只起到衬托主体的作用，因此陪体不可以喧宾夺主，在拍摄构图处理上，陪体在画面中所占的面积大小及其色调强度、动作状态等都不能强于主体。

 小贴士

视频画面具有连续活动的特性，通过镜头运动和摄像机位的变化，主体与陪体之间是可以相互转换的。例如，从教师讲课的镜头摇到学生听课的镜头过程中，学生便由原来的陪体变成了新的主体。

3.3.3　环境

环境是指画面主体周围景物和空间的构成要素。环境在画面中的作用主要是展示主体的活动空间。环境可以表现出时代特征、季节特点和地方特色等；特定的环境还可以表明人物身份、职业特点、兴趣爱好等情况以及烘托人物的情绪变化。环境包括前景和背景。

1. 前景

前景是指在视频画面中位于主体前面的人、景、物，前景通常处于画面的边缘。图 3-31 所示的短视频画面中，花朵为前景。图 3-32 所示的短视频画面中，椰树为前景。

图 3-31　花朵为前景　　　　　　　　　　　图 3-32　椰树为前景

（1）前景在画面中的作用

① 前景可以与主体之间形成某种特定含义的呼应关系，以突出主体、推动情节发展、说明和深化所要表达主题的内涵。

② 前景离摄像机的距离近，成像大，色调深，与远处景物形成大小、色调的对比，可以强化画面的空间感和纵深感。

③ 利用一些富有季节特征或地域特色的景物做前景，可以起到表现时间概念、地点特征、环境特点和渲染气氛的作用。

④ 均衡构图和美化画面。选用富有装饰性的物体做前景，如门窗、厅阁、围栏、花草等，能够使画面具有形式美。

⑤ 增加动感。活动的前景或者运动镜头所产生的动感前景，能够很好地强化画面的节奏感和动感。

（2）前景的表现方法

在实际拍摄中，一定要处理好前景与主体的关系。前景的存在是为了更好地表现主体，不能喧宾夺主，更不能破坏、割裂整个画面。因此，前景可以在大小、亮度、色调、虚实各方面采取比较弱化的处理方式，使其与主体区分开来。需要的时候，前景可以通过场面调度和摄像机位变化变为背景。

小贴士

需要注意的是，并不是每个画面都需要有前景，所选择的前景如果与主体没有某种必然的关联和呼应关系，就不必使用。

2. 背景

背景主要是指画面中主体后面的景物，有时也可以是人物，用以强调主体环境，突出主体形象，丰富主体内涵。一般来说，前景在视频画面中可有可无，但背景是必不可少的。背景是构成环境、表达画面内容和纵深空间的重要成分。常选择一些富有地方特色或具有时代特征的背景，如天安门、东方明珠塔等，来交代主体的地点。图3-33所示的短视频画面中，远山、天空构成了画面的背景。

图3-33 短视频的画面背景

（1）背景在画面中的作用

① 背景可以表明主体所处的环境、位置，渲染现场氛围，帮助主体揭示画面的内容和主题。

② 背景通过与主体在明暗、色调、形状、线条及结构等方面的造型对比，可以使画面产生多层景物的造型效果和透视感，增强画面的空间纵深感。

③ 背景可以表达特定的环境，刻画人物性格，衬托、突出主体形象。

（2）背景的表现方法

在短视频拍摄过程中，要注意处理好背景与主体的关系。背景的影调、色调、形象应该与主体形成恰当的对比，不能过分突出，以免影响主体的内容，不能喧宾夺主。当背景影响到主体的表现时，拍摄者可以通过适当控制景深、变幻虚实等方式来突出主体。

如果没有特殊的要求，画面背景应该坚持减法原则。利用各种艺术手段和技术手段对背景进行简化，力求画面的简洁。

3.3.4　留白

留白是指画面看不出实体形象，趋于单一色调的画面部分，如天空、大海、大地、草地或黑、白、单一色调等。留白其实也是背景的一部分。图3-34所示的短视频画面中，海水部分构成了画面的留白。

图3-34　视频画面中的留白

1. 留白在画面中的作用

（1）主体周围的留白使画面更为简洁，可以有效地突出主体形象。

（2）画面中的留白是为了营造某种意境，让观众产生更多的联想空间。

（3）画面中的留白可以使画面生动活泼，没有任何留白的画面会使人感到压抑。

2. 留白的表现方法

一般情况下，人物视线方向的前方、运动主体的前方、人物动作方向、各个实体之间都应该适当留白。这样的构图符合人们的视觉习惯和心理感受，这点在短视频拍摄时要多加注意。留白在画面中所占的比例不同，会使画面产生不同的意义。例如，画面留白占据较大的面积时，重在写意；画面留白占据面积较小时，重在写实。另外，留白在画面中要分配得当，尽可能避免留白和实体面积相等或对称，做到各个实体和谐、统一。

 小贴士

需要注意的是，并不是所有视频画面都具备上述各个结构元素。实际拍摄时，需要根据画面内容合理地安排陪体、环境和留白，但无论如何运用这些结构元素，目的都是突出主体、表达主题。

3.4　短视频画面的形式要素

在短视频画面构图中，构成画面最基本的形式要素主要包括光线、色彩、影调、线条、质感和立体感等。拍摄时只有综合运用好这些要素，才能够更好地完成短视频作品的形象展示、主题表达和情感抒发等。

↘ 3.4.1　光线

光线是影视摄影的基础，没有光线就无法进行拍摄，合理地利用光线才能够拍摄出理想的画面。光线是营造环境氛围、塑造画面造型、表现人物形象的重要手段。

1．光线在视频中的作用

（1）利用光线展示特定的时间环境

自然光在不同时刻的光影效果可以表达不同的时间，例如早上、中午、傍晚自然光的光影效果都是不一样的。在短视频创作中，可以根据主题、情节的需要，通过自然光或人造光的设计来塑造特定的时间环境。图3-35所示的短视频画面，通过自然光线表现出傍晚的时间环境。

（2）利用光线突出主体

利用光线的集中照射可以把观众的视觉注意力引导到特定的主体上来，也可以通过光线的处理把某些次要部分或缺陷处隐藏起来，从而突出主体形象。图3-36所示的短视频画面就是通过光线突出主体。

图3-35　通过自然光线表现时间环境

图3-36　通过光线突出主体

（3）利用光线营造氛围

同一环境采用不同的光线处理，可以营造出不同的氛围，使观众产生不同的情绪感受。比如，明亮的光线可以营造一种闲适、温馨、愉悦的氛围；阴暗的光线则容易使人产生压抑、恐惧、低落的情绪。图3-37所示的短视频画面就是通过光线营造氛围。

（4）利用光线加强屏幕空间透视，增强画面立体感

光线具有表现屏幕空间透视的造型功能。通过人工布光或利用自然光，被拍摄物体之间的相互关系形成一种明显的画面影调明暗对比和反差层次，从而展现出画面的空间范围和空间透视效果，增强画面的空间感。另外，还可以通过改变照在被拍摄物体上的光影比例，表现人物或物体的立体感和质感。图3-38所示的短视频画面就是通过光线增强画面立体感。

图3-37　通过光线营造氛围

图3-38　通过光线增强画面立体感

短视频创作中的光源有自然光和人造光两种。自然光主要是指太阳光、月光等，自然光比较自然、真实。人造光是指各种照明器材所发出的光线，如日光灯、白炽灯、LED灯、聚光灯等。在实际应用中，这两种光可以独立使用，也可以混合使用。

2．光的分类

（1）根据光的性质分类

根据光的性质，光可分为直射光和散射光。

直射光又称为硬光，光线比较生硬。被照物体的受光面亮、背光面暗，明暗对比强烈，层次分明。直射光投影明显，具有鲜明的造型功能，在短视频拍摄中常作为主光使用。它的典型光源为太阳光或聚光灯。图3-39所示为直射光的效果。

散射光又称为软光，这种光无明显的方向性，光线比较柔和。被照物体的受光面、背光面明暗对比不强，无明显投影，层次较细腻，但造型效果不突出。它的典型光源为阴天的自然光或散光灯。图3-40所示为散射光的效果。

图3-39　直射光的效果　　　　　　　　　　图3-40　散射光的效果

（2）根据光的方向分类

根据光的投射方向不同，光大致可以分为顺光、侧光、逆光、顶光、脚光5种基本类型。

① 顺光。顺光（又称正面光）是指光线投射方向与摄像机拍摄方向一致。顺光可以使被拍摄物体正面受光均匀，画面阴影不明显，影调柔和自然，能够较好地表现被拍摄物体原有的色彩。但顺光画面平淡、呆板、无层次，缺乏物体立体感和空间透视感表现力。图3-41所示为顺光的画面效果。

② 侧光。侧光又分为正侧光、前侧光和侧逆光。

正侧光是指光线投射方向与摄像机拍摄方向呈90°左右水平角。正侧光可以使被拍摄物体产生较强的明暗反差及阴影，能够突出被拍摄物体的立体感和质感，形成强烈的造型效果。

前侧光是指光线投射方向与摄像机拍摄方向呈45°左右水平角。前侧光可以使被拍摄物体明暗层次丰富，能够较好地表现被拍摄物体的立体感和质感，造型效果较好，它是摄影中运用较多的光线。

侧逆光是指光线投射方向与摄像机拍摄方向呈135°左右水平角。侧逆光使被拍摄物体背向光源，可以勾画出被拍摄物体的轮廓和形态，使画面具有一定的空间感和立体感。

图3-42所示为前侧光的画面效果。

图3-41　顺光的画面效果　　　　　　　　　图3-42　前侧光的画面效果

③ 逆光。逆光（又称为背面光）是指光线投射方向与摄像机拍摄方向呈180°左右的角度。以逆光为主光拍摄人物时，画面能够获得剪影的效果。逆光可以渲染画面的整体气氛，还可以清

晰地勾画主体的轮廓，使之与背景分离，从而得到突出。在拍摄表现意境的全景和远景时，采用自然逆光，可以获得丰富的景物层次，增强空间感。但由于被拍摄对象正面处于阴影中，无法看清细节和色彩，因而不宜多用。图 3-43 所示为逆光的画面效果。

④ 顶光。顶光是指由被拍摄物体上方投射下来的接近垂直的光线。用顶光照射人物时，画面中人物的头顶、鼻梁、腭骨等部分显得明亮，而眼窝、鼻梁下显得阴暗，形成恐惧或严肃的效果。垂直顶光有时也用于表现反派人物形象，45°角的后向顶光常用来修饰人物的头发和肩部。图 3-44 所示为顶光的画面效果。

图 3-43　逆光的画面效果

图 3-44　顶光的画面效果

⑤ 脚光。脚光是指由被拍摄物体的下方投射上来的光线。脚光既可以起到造型的修饰作用，也可以表现特定的环境，还可以塑造扭曲的造型效果，产生丑化和恐怖的感觉。

（3）按光的造型效果分类

按照光的造型效果，光可以分为主光、辅助光、轮廓光、背景光、修饰光和效果光等，布光往往是对各种光的综合运用。

① 主光。主光是表现主体造型的主要光线，是画面中比较明亮的光线，用来照亮被拍摄物体最富有表现力的部位。主光在画面上具有明显的光源方向，最容易吸引观众的注意力，起主要的造型作用，故又称为塑造光。主光在整个画面的光线中起主导地位，其他光的配置需要在主光的基础上进行合理安排。主光一般采用聚光灯照明。

② 辅助光。辅助光是指补充主光效果的辅助光线。辅助光主要用来平衡亮度，为被拍摄物体阴影部分补充照明，减少明暗反差，使阴影部分产生细腻感，辅助主光造型。主光和辅助光的光比要合理，如果反差过大，明暗影调会显得生硬；反差过小，明暗影调就会显得柔和。需要注意的是，辅助光的亮度不能强于主光的亮度，否则会破坏主光的造型表现力。辅助光一般采用聚光灯或散射灯照明，必要时还可以使用反光板辅助。

③ 轮廓光。轮廓光（又称为"逆光"）是指从被拍摄物体背后照来的光。它使被拍摄物体产生明亮的边缘，勾画出被拍摄物体的轮廓形状，将物体与物体之间、物体与背景之间分开，以突出主体，增强画面的纵深感和立体感。轮廓光不宜过强，否则会使轮廓"发毛"而影响画面效果。轮廓光一般采用聚光灯照明。

 小贴士

主光、辅助光和轮廓光是摄像最基本的 3 种光。用这 3 种光进行布光，称为"三点布光"。

④ 背景光。背景光是指照亮被拍摄物体背景的光。它的作用是提高背景亮度以及消除被拍摄物体在背景上的投影，使物体与背景分开，衬托被拍摄主体。这种情况下，背景光的亮度要求均匀分布。对背景光进行特殊设计时，还可以表现特定的环境和时空特点，营造某种氛围。背景光一般采用散光灯，其灯位布设在被拍摄主体的后面。

⑤ 修饰光。修饰光是指照亮被拍摄物体某一细节特征的光线，主要用来突出被拍摄物体的某一

细节造型。常见的修饰光有眼神光、头发光、服饰光等。用修饰光对被拍摄物体的局部和细节进行修饰后，被拍摄物体的外观更突出、更完美。修饰光不宜过分强烈，不能破坏光效的整体性和真实性。

⑥ 效果光。效果光是指使用人工光源再现现实生活中某些特殊效果的光线。效果光可以更好地表现特定环境、时间和气候等，也可以表现特定的人物情绪，如烛光、火光、台灯光、电筒光、汽车光、闪电光、激光等。

↘ 3.4.2 色彩

色彩是短视频的重要造型元素和主要表现手法。色彩除了再现现实生活中的自然颜色，还可以表达人们的某种情况和心理感受。因此，我们需要了解并掌握色彩的特征及其作用，在进行短视频拍摄时充分发挥色彩对视觉形象的造型功能和表意功能。

1. 色彩的基本属性

每一种色彩同时具有 3 个基本属性：色相、明度和饱和度。它们在色彩学上称为色彩的 3 大要素或色彩的 3 属性。

（1）色相

色相是指色彩的"相貌"，是一种颜色区别于另外一种颜色的最大特征。色相是在不同波长光的照射下，人眼所感觉到的不同的颜色，如红、橙、黄、绿、青、蓝、紫等。色相由原色、间色和复色构成。

（2）明度

明度是眼睛对光源和物体表面明暗程度的感觉，是由光线强弱决定的一种视觉经验。

在无彩色中，明度最高的色彩是白色，明度最低的色彩是黑色。在有彩色中，任何一种色相都包含明度特征。不同的色相，它们的明度也不同。黄色为明度最高的有彩色，紫色为明度最低的有彩色。

（3）饱和度

饱和度（又称为纯度）是指色彩的纯正程度。纯度越高，色彩就越鲜艳。饱和度取决于色彩中含色成分和消色成分（灰色）的比例，含色成分越大，饱和度越高；消色成分越大，饱和度越低。各种单色光是最饱和的色彩。

2. 色彩的造型功能

色彩的造型功能通过色彩之间的协调或对比来实现。创作者可以对画面中不同色彩的明度、比例、面积、位置进行配置，使画面产生明暗、浓淡、冷暖等色彩对比，进而实现造型目的。

色彩基调是指短视频作品的色彩构成总倾向。色彩的造型不仅体现在具体场面的单个镜头中，而且可以体现在整个短视频的总基调设计中。创作者应该根据短视频内容来选择合适的色彩基调。

一般来说，色彩基调按照色性可以分为暖调、冷调和中间调。暖调包括红、橙、黄及与之相近的颜色；冷调包括青、蓝及与之相近的颜色；中间调包括黑、白、灰等中性颜色。按照色彩的明度划分，色彩基调可以分为亮调和暗调。

图 3-45 所示为暖调的美食类短视频的画面效果。图 3-46 所示为冷调的旅行类短视频的画面效果。

图 3-45 暖调的美食类短视频的画面效果　　图 3-46 冷调的旅行类短视频的画面效果

3. 色彩的情感与象征意义

人类在长期的生活实践中，对不同的色彩积累了不同的生活感受和心理感受，拥有了不同的色彩情感。一般而言，暖色给人带来热情、兴奋、活跃、激动的感觉；冷色给人以安宁、低沉、冷静的感觉；中间色则没有明显的情感倾向。

在短视频的特定情境中，每一种色彩都具有独特的情感意义，有的色彩在表现上往往还具有双重或多重的情感倾向。表3-1所示为色彩的基本情感倾向和象征意义。

表3-1　色彩的基本情感倾向和象征意义

色彩	情感倾向和象征意义
红色	具有热烈、热情、喜庆、兴奋、危险等情感。红色是最醒目、最强有力的色彩，它既可以象征喜悦、吉祥、美好，也可以象征温暖、爱情、热情、冲动、激烈，还可以象征危险、躁动、革命、暴力
橙色	具有热情、温暖、光明、成熟、动人等情感。橙色通常会给人一种朝气与活泼的感觉，它通常可以使人由原本抑郁的心情变得豁然开朗
黄色	具有辉煌、富贵、华丽、明快、快乐等情感。黄色给人以明朗和欢乐的感觉，它象征着幸福和温馨。在我国历史文化传统中，黄色又象征着神圣、权贵
绿色	具有生命、希望、青春、和平、理想等情感。绿色是生意盎然的色彩，它代表着春天，象征着和平、希望和生命
青色	具有洁净、朴实、乐观、沉静、安宁等情感。青色通常会给人带来凉爽清新的感觉，而且青色可以使人原本兴奋的心情冷静下来
蓝色	具有无限、深远、平静、冷漠、理智等情感。蓝色非常纯净，通常让人联想到海洋、天空和宇宙，它是永恒、自由的象征。纯净的蓝色给人以美丽、文静、理智、安详与洁净之感。同时蓝色又是最冷的色彩，在特定的情境下，给人一种寒冷的感觉，其象征着冷漠
紫色	具有高贵、优雅、浪漫、神秘、忧郁等情感。灰暗的紫色是象征伤痛、疾病的颜色，容易使人造成心理上的忧郁、痛苦和不安。明亮的紫色好像天上的霞光、原野上的鲜花、情人的眼睛，动人心神，使人感到美好，因而其常用来象征男女之间的爱情
黑色	具有恐怖、压抑、严肃、庄重、安静等情感。黑色容易使人产生忧愁、失望、悲痛、死亡的联想
白色	具有神圣、纯洁、坦率、爽朗、悲哀等情感。白色容易使人产生光明、爽朗、神圣、纯洁的联想
灰色	具有安静、柔和、消极、沉稳等情感。灰色较为中性，象征知性、老年、虚无等，使人联想到工厂、都市、冬天的荒凉等

小贴士

在短视频拍摄中，创作者要把握好光源的色温性质对色彩还原产生的影响，正确处理好被拍摄物体自身的色彩、周围的环境色彩及照明光源的色彩三者之间的关系，保持影调色彩的一致性。

在构图的色彩因素运用中，一方面，创作者要注意对画面主体、陪体和背景的色彩关系进行合理配置，以形成画面色彩的对比和呼应，从而突出主体、渲染气氛；另一方面，创作者要注意色彩的情感意义和象征意义，通过色彩的合理运用，使画面具有视觉冲击力和艺术表现力。

3.4.3　影调

影调是指视频画面中的影像所表现出的明暗层次和明暗关系。影调是构成景物具体形象的基本因素，是构图造型、烘托气氛、表达情感的重要手段。在短视频拍摄中，影响画面影调的因素主要是光线的强度和角度的变化。

根据影调的明暗不同，画面的影调可以分为亮调、暗调和中间调3种类型。在短视频中，这3种影调与剧情内容紧密结合，可以形成短视频影调的总倾向——基调。

1. 亮调

以浅灰、白色及亮度等级偏高的色彩为主构成的画面影调，称为亮调或明调。拍摄亮调画面宜选取明亮背景下的明亮主体来构成画面。为了获得明亮主体，多采用正面散射光或顺光照明，同时主体色彩以白色及亮度等级偏高的色彩为主。亮调画面在构成上，必须有少量的暗色或亮度等级低的色彩做对比映衬，以形成一定的层次，使亮调更为突出。亮调画面中亮的部分面积大，以亮为主，给人以明朗、纯洁、活泼、轻快的感觉。图3-47所示为亮调的视频画面效果。

> **小贴士**
>
> 亮调画面构成的情节段落多用于表现特定的心理状况，如幻觉、梦境、幻想。亮调可用于抒情场面，还可以用来表现欢乐、幸福、喜悦的情绪。

图3-47　亮调的视频画面效果

2. 暗调

以深灰、黑色及亮度等级偏低的色彩为主构成的画面影调，称为暗调或深调。拍摄暗调画面宜选取深暗背景下的深色主体来构成画面。为了获得深色主体，多采用侧光、逆光或顶光照明，同时主体色彩以黑色及亮度等级偏低的色彩为主。暗调画面在构成上，必须有少量的白色、浅灰色或亮度等级偏高的色彩，以增加影调层次，反衬大面积的暗调，使暗调更为突出。暗调画面中暗的部分面积大，以暗为主，给人以深沉、凝重、刚毅的感觉。图3-48所示为暗调的视频画面效果。

图3-48　暗调的视频画面效果

小贴士

暗调画面构成的情节段落多用于表现特定的心理情绪和环境气氛，如表现压抑、苦闷、恐惧的情绪。亮调也可用于阴森、恐怖的场面。

3. 中间调

中间调也称为标准调。中间调画面明暗分布和明暗反差适中，影像层次丰富。中间调能够正常表现被拍摄对象的立体感、质感和色彩，是人们最为常见的影调。中间调易给观众真实、亲切的感受，是短视频作品中最常用的影调形式。

创作者在拍摄短视频时，可以采用多种方向的组合光照明，以避免光比过强、反差过大。但光线也不宜过于平淡。同时，创作者要注意选择色彩亮度等级适中的景物入画。图3-49所示为中间调的视频画面效果。

图3-49　中间调的视频画面效果

↘3.4.4　线条

线条是短视频画面构图的基本要素之一。短视频画面构图中的线条不仅与几何学中的线条一样有长度、方向和位置，而且有一定的宽度、动态和情感概念。线条可以勾画出画面的整体结构和主体形象；可以引导观众视线，使其产生情绪；可以布局画面，使画面形成节奏、韵律和意境。因此，创作者在短视频的拍摄中要重视线条的运用。

线条多种多样，最为常见的有水平线条、垂直线条、斜线条和曲线条。

1. 水平线条

水平线条具有横向的稳定性，可使画面构图平稳。水平线条是最基本的主导线条，它在视觉上具有向两侧延伸的趋势，给人以宽广、辽阔、舒展的感觉，适用于表现大地、湖面、草原、大海等宽阔的画面场景。水平线条常用来渲染平稳、宁静、辽阔的环境氛围。图3-50所示为采用水平线条构图的视频画面效果。

图3-50　采用水平线条构图的视频画面效果

2. 垂直线条

垂直线条在视觉上具有向上下延伸的特性，可表示高度和力量，给人以宏伟、庄严、挺拔、高大的感觉。垂直线条是拍摄高楼、塔碑、大树等高大景物的主导线条，可以营造出景物高耸、庄严的视觉效果。图 3-51 所示为采用垂直线条构图的视频画面效果。

3. 斜线条

斜线条具有非常强的动感和纵深感。斜线条构图使画面空间得以延伸，画面产生一种无形的张力，给人以运动、兴奋和不稳定的感觉。尤其是以画面的两条对角线构图时，画面显得更活泼并增加了戏剧性。图 3-52 所示为采用斜线条构图的视频画面效果。

图 3-51　采用垂直线条构图的视频画面效果

图 3-52　采用斜线条构图的视频画面效果

4. 曲线条

曲线条是指有规律地变化且带有弧形部分的线条。常见的曲线条有 S 形曲线、C 形曲线和弧形曲线等，曲线条具有流动、柔软和韵律感强的特点。当画面构图以曲线条为主导线条时，画面的纵深感增强，观众的视线随着曲线条移动，整个画面给人一种流畅、活泼、柔和、优美的感觉。图 3-53 所示为采用曲线条构图的视频画面效果。

图 3-53　采用曲线条构图的视频画面效果

小贴士

在短视频拍摄过程中，创作者要善于运用线条去构造画面，要根据作品的主题思想、所要表现出来的对象特征、环境氛围等因素合理地选择线条形式，认真提炼最富有表现力的线条，以鲜明的视觉形象表达主题内容和情感。

↘ 3.4.5　质感

视频画面质感是人们对物体的材料质量和表面结构的一种视觉感觉。不同物体的质地通常给人以软硬、平滑、粗糙、细腻、韧脆、透明、浑浊等各种感觉。在短视频拍摄过程中，创作者可通过用光角度、明暗对比、色彩变化等手段来获得理想的画面质感。图 3-54 所示为表现质感的视频画面效果。

图 3-54　表现质感的视频画面效果

↘ 3.4.6　立体感

视频画面立体感是指通过二维的屏幕平面表现出三维空间的视觉立体真实感。物体立体形态的存在是由不同的线、面结构组合而成的。在拍摄过程中，创作者可以选择适当的拍摄角度，并合理运用光线、色彩、线条等造型元素来表现物体的立体感；创作者还可以通过调整明暗层次、变化色调，以及改变主体与背景的对比、虚实等手段来突出物体的立体感。图 3-55 所示为表现立体感的视频画面效果。

图 3-55　表现立体感的视频画面效果

3.5　短视频画面的构图方法和形式

短视频构图是指为了表现某一特定内容和视觉美感效果，将场景空间中动态和静态的被拍摄对象，按时间顺序和空间顺序有机地组合在画面中，并运用摄影的各种造型手段呈现的画面结构形式。被拍摄主体在画面中的表现是否形象生动、画面形式是否变化而统一，这些取决于构图处理手法，以及光影、明暗、线条和色彩等诸多造型元素的运用。

↘ 3.5.1 短视频拍摄构图方法

拍摄视频与拍摄照片相似，都需要对画面中的主体进行恰当的摆放，使画面看上去更加和谐舒适，这便是构图。成功的构图能够使作品重点突出，有条有理且富有美感，令人赏心悦目。

1. 中心构图

中心构图是一种简单且常见的构图方式。通过将主体放置在相机或手机画面的中心进行拍摄，能较好地突出主体。采用中心构图的视频画面，观众一眼就可看到画面的重点，从而将目光锁定在重点对象上，了解重点对象想要传递的信息。

中心构图最大的优点在于主体突出、明确，而且画面容易达到左右平衡的效果。中心构图非常适合用来表现物体的对称性。图 3-56 所示为采用中心构图的视频画面效果。

图 3-56　采用中心构图的视频画面效果

2. 三分线构图

三分线构图是指将视频画面从横向或纵向分为 3 个部分，将拍摄主体放在三分线的某一位置上进行构图取景，从而让拍摄主体更加突出，画面更具层次感。三分线构图是一种经典且简单易学的拍摄构图技巧。

三分线构图一般将视频拍摄主体放在偏离画面中心 1/6 处，这样可使画面不至于太枯燥和呆板，还能突出视频拍摄主题，使画面紧凑有力。此外，三分线构图还能使画面具有平衡感，使画面左右或上下更加协调。图 3-57 所示为采用三分线构图的视频画面效果。

图 3-57　采用三分线构图的视频画面效果

3. 九宫格构图

九宫格构图又称为井字形构图，该构图是拍摄中重要且常见的一种构图方法。九宫格构图就是把画面当作一个有边框的区域，横竖各两条线将画面均匀分开，且形成一个"井"字。这 4 条直线为画面的黄金分割线。4 条直线两两相交所形成的交点为画面的黄金分割点，也可称为趣味中心。创作者在拍摄视频时，可将主体放在趣味中心上。

图 3-58　采用九宫格构图的视频画面效果

图 3-58 所示的画面就采用了比较典型的九宫格构图，作为主体的人物被放在了黄金分割点的位置，整个画面看上去非常有层次感。

此外，使用九宫格构图拍摄视频，视频画面相对均衡，拍摄出来的视频也比较自然和生动。

小贴士

　　九宫格构图中一共包含 4 个趣味中心，每一个趣味中心都在偏离画面中心的位置上，这样不仅能优化视频空间感，还能很好地突出视频拍摄主体。因此，九宫格构图是十分实用的构图方法。

　　如今的智能手机基本都内置九宫格参考线，这不仅有助于用户在拍摄时轻松找到水平线，还能使拍摄工作变得轻松易行。下面简单介绍如何启用手机内置的九宫格参考线。

　　进入手机"设置"界面，找到"相机"选项，如图 3-59 所示。点击"相机"选项，进入"相机"设置界面，找到"参考线"选项（有些手机中可能为"网格"选项），开启该选项功能，如图 3-60 所示。

图 3-59　找到"相机"选项　　　图 3-60　开启"参考线"功能

图 3-61　拍摄界面显示九宫格参考线

　　开启"参考线"功能之后，打开手机自带的相机进行视频拍摄，可发现界面中出现九宫格参考线，如图 3-61 所示。

4. 黄金分割构图

　　黄金分割构图是视频拍摄中运用非常广泛的构图方法。当作品中主体对象的摆放位置符合黄金分割原则时，画面会呈现和谐的美感。

　　在黄金分割构图中，黄金分割点可以视为对角线与它的某条垂线的交点。我们可以用线段表现视频画面的黄金比例，对角线与从相对顶点引出的垂线的交点（即垂足）就是黄金分割点，如图 3-62 所示。

　　除此之外，黄金分割构图还有一种特殊的表达方法，即黄金螺旋线。黄金分割线是以每个正方形的边长为半径所形成的一条具有黄金数字比例美感的螺旋线，如图 3-63 所示。

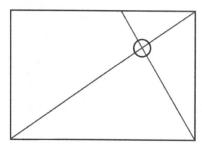

图 3-62　黄金分割点

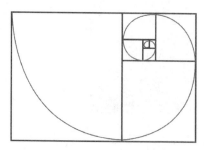

图 3-63　黄金螺旋线

黄金分割构图，可以在突出视频拍摄主体的同时，使观众在视觉上感到十分舒适，从而产生美的感受。图 3-64 所示为采用黄金分割构图的视频画面效果。

图 3-64　采用黄金分割构图的视频画面效果

5. 前景构图

前景构图是指拍摄者在拍摄短视频时，利用拍摄主体与镜头之间的景物进行构图。采用前景构图可以增加画面的层次感，不仅能使视频画面内容更加丰富，同时又能很好地展现视频拍摄主体。

前景构图分为两种情况：一种是将拍摄主体作为前景进行拍摄，如图 3-65 所示。图 3-65 将拍摄主体——蒲公英直接作为前景进行拍摄，这不仅使拍摄主体更加清晰醒目，而且使视频画面更有层次感；画面背景则做了虚化处理。另一种是将除视频拍摄主体以外的物体作为前景进行拍摄，如图 3-66 所示。图 3-66 利用黄色的花朵作为前景，这让观众在视觉上有一种向里的透视感，同时又有一种身临其境的感觉。

图 3-65　拍摄主体作为前景的画面效果

图 3-66　拍摄主体以外的物体作为前景的画面效果

6. 框架构图

在取景时，创作者可以有意地寻找一些框架元素，如窗户、门框、树枝、山洞等。在选择好边框元素后，调整拍摄角度和拍摄距离，将主体景物安排在边框之中即可。图 3-67 所示为采用框架构图的视频画面效果。

图 3-67　采用框架构图的视频画面效果

需要注意的是，在拍摄时，有时框架元素会很明显地出现在创作者的视野中，比如常见的窗户、门框等景物。但有时框架元素并不会很明显地出现，这时创作者应该寻找可以当作框架的景物。比如在拍摄风景时，创作者可以将有些倾斜的树枝当作框架。

7. 光线构图

　　在视频拍摄中，创作者可使用的光线有很多，如顺光、侧光、逆光、顶光这 4 类常见的光线。利用好光线可以使视频画面呈现出不一样的光影艺术效果。图 3-68 所示为采用光线构图的视频画面效果。

图 3-68　采用光线构图的视频画面效果

8. 透视构图

　　透视构图是指利用视频画面中的某一条线或某几条线由近及远形成的延伸感，使观众的视线沿着视频画面中的线条汇聚到一点的构图。

　　短视频拍摄中的透视构图可大致分为单边透视和双边透视两种。单边透视是指视频画面中，只有一边带有由远及近形成延伸感的线条，如图 3-69 所示；双边透视则是指视频画面两边都带有由近及远形成延伸感的线条，如图 3-70 所示。

图 3-69　采用单边透视构图的视频画面效果　　　　图 3-70　采用双边透视构图的视频画面效果

　　视频拍摄中的透视构图可以增强视频画面的立体感，而且透视本身就有近大远小的规律。视频画面中由近大远小的事物组成的线条，或者画面本身具有的线条，能让观众沿着线条指向的方向去看，有引导观众视线的作用。

9. 景深构图

　　当某一物体聚焦清晰时，从该物体前面到其后面的某一段距离内的所有景物也都是相当清晰的，焦点相当清晰的这段前后的距离叫作景深，而其他的地方则是模糊（虚化）的效果。这种构图方法就是景深构图。图 3-71 所示为采用景深构图的视频画面效果。

图 3-71　采用景深构图的视频画面效果

↘ 3.5.2 短视频拍摄构图形式

短视频画面的构图形式多种多样。根据构图形式的内在性质，我们可以将构图形式分为静态构图、动态构图、封闭式构图和开放式构图4种。

1. 静态构图

静态构图是使用固定镜头拍摄静止的被拍摄对象和处于静止状态的运动对象的一种构图形式，它是短视频画面构图的基础。

静态构图具有以下4个特点。

（1）表现静态对象的性质、形态、体积、规模、空间位置。

（2）画面结构稳定，在视觉效果上有一种强调意义。特写拍摄人物时能够表现出人物的神态、情绪和内心世界，全景或远景拍摄景物时能够展现出画面的意境。

（3）画面给人以稳定、宁静、庄重的感觉，但长时间的静态构图容易使人产生呆板、沉闷的感觉。

（4）画面主体与陪体，以及主体、陪体与环境的关系，非常清晰。

2. 动态构图

动态构图是短视频画面中的表现对象和画面结构不断发生变化的构图形式。动态构图在各类短视频作品中得到广泛运用，它是短视频最常用的构图形式。使用固定镜头拍摄运动的主体，或使用运动镜头拍摄，都可以获得动态构图效果。动态构图形式多样，其强调的是构图视觉结构变化和画面形式变化，以便给观众更多的信息量。

动态构图具有以下4个特点。

（1）可以详细地表现动态人物的表情以及对象的运动过程。

（2）被拍摄对象的形象往往是逐次展现，其完整的视觉形象靠视觉积累形成。

（3）画面中所有造型元素都在变化之中，例如光色、景别、角度、主体在画面中的位置、环境、空间深度等，都在变化之中。

（4）运动速度不同，可以表现不同的情绪和多变的画面节奏。

3. 封闭式构图

封闭式构图是将主体放置在画面的几何中心或趣味中心位置的一种构图形式。封闭式构图在画框范围内包含了所要表现的主体的全部内容，画面内的主体是独立且完整的。封闭式构图追求的是画面内容的统一、完整、和谐、均衡等视觉效果，主体、景物与画框外界的空间基本不构成联系。图3-72所示为采用封闭式构图的视频画面效果。

图3-72 采用封闭式构图的视频画面效果

封闭式构图具有以下特点。

（1）主体是一个完整体，画面内的主体独立、统一、完整，观众的视觉和心理感觉完全被限定在画框内的主体上。

（2）注重构图的均衡性，使观众获得视觉上和心理上的稳定感。

小贴士

封闭式构图适用于拍摄纪实性专题片和抒情风光片。封闭式构图也有助于塑造严肃、庄重、优美、平静、稳键等感觉色彩的人物或生活场面。

4. 开放式构图

开放式构图是不限定主体在画面中所处位置的一种构图形式。开放式构图不强调构图的完整性、均衡性和统一性，而是着重表现画框内的主体与画框外可能存在的人物或景物之间的联系，引导观众对画框外的空间产生联系和想象。图 3-73 所示为采用开放式构图的视频画面效果。

图 3-73　采用开放式构图的视频画面效果

开放式构图具有以下 3 个特点。

（1）主体往往是不完整的，表现出一种视觉独特的构图艺术。

（2）构图往往是不均衡的，观众可以通过想象画框外存在与画框内主体相关联的事物，来实现心理上的均衡。

（3）表现的重点是主体与画框外空间的联系，引导观众关注画框外空间，引发观众思考和参与画面意义的构建。

小贴士

开放式构图适用于展现以动作、情节、生活场景为主题的短视频内容。

3.6 本章小结

前期拍摄是短视频创作的基础，创作者只有出色地完成短视频素材的拍摄，才能够通过后期编辑处理创作出出色的短视频作品。本章主要对短视频前期拍摄的相关内容进行了介绍。完成本章内容的学习后，读者需要进一步加深理解，并合理运用所学知识于短视频拍摄过程中。

第4章

短视频后期制作基础

完成短视频的拍摄之后，创作者还需要对短视频进行后期制作。以根据分镜头剧本拍摄的原始素材画面和收录的原始素材声音为制作基础，结合文字剧本内容，全面把握总体创作意图和特殊要求，对全片的结构、语言、节奏进行调整、增删、修饰和弥补，从而形成一部内容和形式和谐统一、结构严谨、语言准确、节奏流畅、主题鲜明的短视频作品。

本章将讲解短视频后期制作的相关知识，内容包括短视频后期剪辑处理、短视频声音处理、短视频节奏处理、短视频色调处理和短视频字幕处理等，以期读者能够理解并掌握短视频后期制作的方法和技巧。

4.1 短视频后期剪辑处理

剪辑是指综合运用蒙太奇手法将孤立的镜头组接起来，形成前后承接的关系，用以表达具体而确定的含义。剪辑是一项技术性和艺术性兼而有之的工作，它通过将不同的镜头组接在一起，来表达短视频主题、抒发情感、营造美感。

↘ 4.1.1　剪辑的基本原则

一部完整的短视频作品是由一系列镜头画面构成的，镜头组接得合理与否会直接影响最终短视频作品的内容表达和艺术表现。后期剪辑人员应该根据导演或编导的创作意图，综合运用蒙太奇手法进行镜头组接，以阐述不同的画面意义和思想内涵。

镜头组接不能随心所欲，应该遵循以下基本原则。

1. 因果与逻辑原则

镜头组接需要遵循事物发展的基本逻辑与因果关系。

正常情况下，绝大多数叙事镜头均需要按照时间顺序进行组接；不能按时间顺序组接的镜头，其组接也要符合事物发展的基本因果关系。例如，在一些影视作品中，我们会经常看到这样两组镜头：①某人开枪，另一人中弹倒下；②某人中弹倒下，在他身后，另一人手中的枪正冒着一缕青烟。前一种镜头组接方式先交代动作，后交代这一动作产生的结果，这基于时间顺序叙事，符合日常生活体验；而后一种镜头组接方式则先给出事件的结果，然后交代原因，这虽然不符合事件发生的时间顺序，但符合事件发生的内在逻辑。

因此，镜头组接必须符合基本的因果联系和日常生活逻辑，这是观众能够接受和理解作品的前提。

2. 时空一致性原则

短视频画面向人们传达的视觉信息具有多种构成因素，如环境、主体动作、画面结构、景深、拍摄角度、不同焦距镜头的成像效果等。因此，两幅画面在衔接时，画面中的各种元素要有一种和谐对应的关系，以使人感到自然、流畅，不会产生视觉上的间断感和跳跃感。

3. 180°轴线原则

轴线可视为被拍摄主体运动方向、视线方向和不同对象之间关系的一条假想连接线。通常，相邻的两个镜头需要保持轴线关系一致，即画面主体在空间位置、视线方向及运动方向上必须保持一致性和连贯性。

4. 适合观众心理原则

观众在观看短视频时，多处于积极、活泼的思维活动中，他们不仅希望能够获得信息，还时常将自己置身于情节之中，受情节感染并产生共鸣，进而获得美的享受。创作者要满足观众的观赏心理和审美需求，需要做好以下3点。

（1）景别匹配、循序渐进。前后镜头组接在一起时，要注意相互协调，使两个画面连接在一起时处于一种自然和谐的关系之中，避免出现过大景别（如远景）与过小景别（大特写）之间组接。近景、中景、远景之间循序渐进切换是绝大多数叙事镜头常用的组接方式。

（2）适时使用主观镜头和反应镜头。一般情况下，当某一个画面中的主体有明显的观望动作时，观众会产生好奇心，这时如果接相应的主观镜头和反应镜头，就可以满足观众的心理诉求和好奇心。

图4-1所示为在短视频中使用主观镜头和反应镜头。

（3）避免跳切。在组接镜头时，要尽量避免将机位、景别和拍摄角度有明显区别的镜头组接在一起，否则会形成跳切。跳切会令观众感觉突兀、不自然、不正常。

图 4-1　在短视频中使用主观镜头和反应镜头

5. 光色方案统一原则

镜头组接要保持影调和色调的连贯性，尽量避免出现没有必要的光色跳动。镜头组接需要遵循"平稳过渡"的变化原则。如果必须将影调和色调对比过于强烈的镜头组接在一起，则通常要安排一些中间影调和色调的衔接镜头进行过渡；也可以通过编辑软件添加一个叠化效果进行缓冲。

图 4-2 所示为影调和色调统一的镜头组接。

图 4-2　影调和色调统一的镜头组接

6. 声画匹配原则

镜头组接要注意声音和画面的配合。声音和画面各有其独特的表现特性，二者有机结合，才能更好地表现短视频作品内容。

↘ 4.1.2　短视频剪辑的基本思路

在开始短视频剪辑之前，思路分析是必不可少的环节，剪辑思路的确定直接影响短视频质量和剪辑效率。无论是街拍、旅拍还是已经确定剧情的故事片，剪辑师心中都要有自己明确的剪辑目标。视频类型不同，剪辑思路也不同。本小节主要介绍旅拍类、生活类和故事类短视频的剪辑思路。

1. 旅拍类短视频的剪辑思路

旅行拍摄具有不确定性，在拍摄过程中很多内容并不在计划之内。除了已定的拍摄路线和目标拍摄物，大多数内容需要摄影师在旅行过程中根据场景的实际内容即兴发挥。

这种拍摄的不确定性给后期制作提供了开放式的剪辑条件，然而开放式剪辑同样有一定的规律可循，下面介绍3种比较典型的剪辑手法。

（1）排比剪辑法

排比剪辑法通常用来对多组不同场景、相同角度、相同行为的镜头进行组接。图4-3所示的一组镜头就可以使用排比剪辑法进行镜头组接。

图4-3　可以使用排比剪辑法组接的一组镜头

（2）相似物剪辑法

相似物剪辑法是指按照不同场景、不同物体、相似颜色进行镜头的组接。例如，飞机和飞鸟的镜头组接如图4-4所示；摩天轮和镜头的镜头组接如图4-5所示。

图4-4　飞机和飞鸟的镜头相接

图4-5　摩天轮和镜头的镜头组接

（3）逻辑剪辑法

物体 A 与物体 B 动作衔接匹配、镜头 A 与镜头 B 相关或为相连贯运动，这种存在逻辑关系的镜头组接方法叫作逻辑剪辑法。例如，跳水运动和溅起水花存在逻辑关系，如图 4-6 所示；扣篮动作和体育场存在逻辑关系，如图 4-7 所示。

图 4-6 跳水运动和溅起水花

图 4-7 扣篮动作和体育场

2. 生活类短视频的剪辑思路

生活类短视频通常以"第一人称"的形式记录拍摄者生活中所发生的事情。这类短视频主要以时间、地点、事件为录制顺序，录制时间比较长，一般在几个小时至十几个小时。这类短视频通常会记录下整件事情的所有经过，并且通过讲述的形式对事情展开讲解。

在后期剪辑时，面对巨大的素材量，这时遵循的剪辑思路是减法原则，也就是在现有视频的基础上尽量删除没有意义的片段，与此同时还要保证短视频整体的完整性。

3. 故事类短视频的剪辑思路

故事类短视频的剪辑不同于旅拍类、街拍类短视频的剪辑，剪辑师可以根据自己的喜好随意发挥。故事类短视频是依据剧本的情节发展进行拍摄的，由大量单个镜头组成，剪辑的难度也相对较大。

一般在剪辑之前，剪辑师首先要熟悉剧本，对剧情的发展方向有一个大致了解。除少部分创意片外，一般剧情都遵循开端、发展、高潮、结局的内容架构，剪辑师可在剧情框架的基础上加入中心思想、主题风格、导演意向、剪辑创意等元素。这些元素加入后也就确定了短视频的基本风格。最后，剪辑师可根据短视频的基本风格挑选合适的音乐，并确定短视频大概时长。

↘ 4.1.3 镜头组接的编辑技巧

在短视频后期编辑过程中，创作者可以利用相关软件和技术，在需要组接的镜头画面中或画面之间使用编辑技巧，使镜头之间的转换更为流畅、平滑，并制作一些直接组接无法实现的视觉及心理效果。常用的镜头组接编辑技巧有淡入淡出、叠化、划像、画中画、抽帧等。

1. 淡入淡出

淡入淡出也称为渐显渐隐，在视觉效果上体现为：在下一个镜头的起始处，画面的亮度由零点逐渐恢复到正常的强度，画面逐渐显现，这一过程叫淡入；在上一个镜头的结尾处，画面的亮度逐渐减到零点，画面逐渐隐去，这一过程叫淡出。淡入淡出是短视频作品表现时间和空间间隔的常用手法。淡入和淡出的持续时间一般各为 2 秒左右。

图 4-8 所示为在短视频中，上一个场景逐渐淡出为黑色，下一个场景再逐渐淡入。

 小贴士

需要注意的是，淡入淡出技巧对时间、空间的间隔暗示作用相当明显，因此在镜头组接时不宜过多使用，否则会使画面的衔接显得十分零碎、松散，还会令作品的节奏拖沓、缓慢。

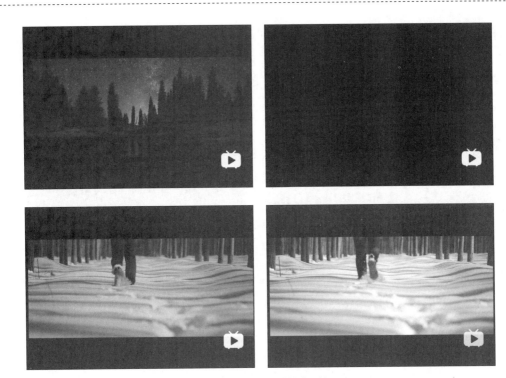

图4-8　淡出淡入的镜头组接

2. 叠化

叠化是指前一镜头逐渐模糊直至消失，而后一镜头逐渐清晰直至完全显现，两个镜头在渐隐和渐显的过程中，有短暂的重叠和融合。叠化的时间一般为 3 ～ 4 秒。图 4-9 所示为在短视频中使用叠化技巧进行镜头组接。

图4-9　使用叠化技巧进行镜头组接

相比直接切换，叠化具有轻缓、自然的特点，可用于比较柔和、缓慢的时间转换。此外，叠化还可以用来展现景物的繁多和变换，例如，很多风光片都会在不同的景色间添加叠化效果。同时，叠化也是避免镜头跳切的重要技巧，可实现"软过渡"，最大限度地确保镜头衔接顺畅。

3. 划像

划像是指上一个镜头画面从一个方向渐渐退出的同时，下一个镜头画面随之出现。根据画面退出和出现的方向与方式，划像可分为左右划、上下划、对角线划、圆形划、菱形划等。通常，"划"的时间长度为 1 秒左右。

图 4-10 所示为在短视频中使用划像技巧进行镜头组接。

划像可以用于描述平行发展的事件，常用于平行蒙太奇或交叉蒙太奇。此外，划像还可用于表现时间转换和段落起伏。

图 4-10　使用划像技巧进行镜头组接

4.　画中画

画中画是指在同一个画框中展现两个或两个以上的画面。画中画可以从不同的视点、视角表现同一事件或同一动作，也可以用来表现同时发生的相关或者对立的事件、动作，还可以用来实现段落和画面的交替更换。画中画在事件性较强的影视作品中较为常见，多用于平行蒙太奇和交叉蒙太奇。

图 4-11 所示为在短视频中使用画中画技巧进行镜头组接。

图 4-11　使用画中画技巧进行镜头组接

不过，在缺乏明确设计的情况下，将屏幕随意分割成两个或多个画面是不可取的，因为观众在同一时间内只能处理有限的视觉信息。如果屏幕中画面过多，会导致重要信息被观众忽视，甚至让观众产生眼花缭乱的感觉。

5.　抽帧

抽帧也是一种较为常用的镜头组接技巧。通常情况下，1 秒的短视频画面是由 25 帧或 30 帧（即 25 个或 30 个静态图像）组成的。抽帧是将一些静态画面（帧）从一系列连贯的影像中抽出，从而使影像表现出不连贯的一种编辑技巧。

很多短视频创作者使用抽帧技巧来实现某种"快速剪辑"，如在不改变运动速率的基础上，通过减少帧数的方式，让人物的动作看起来比正常情况下更具动感。

我们还可以利用抽帧技巧形成静帧效果，操作方法如下：从一系列连贯影像中，选择一帧画面并将其复制为多帧；在视频放映时，该帧画面会形成较长时间的定格。这一方法有极强的造型功效。

图4-12所示为在短视频中使用抽帧技巧进行镜头组接。

图4-12　使用抽帧技巧进行镜头组接

 小贴士

抽帧是一种难度较高、操作复杂的剪辑技法，它对剪辑师提出了很高的要求。抽帧若使用得当，可以制造迥异于日常体验的"奇观"；若使用不当，则会令画面出现毫无意义的"卡顿"，进而影响观众的观看体验。

总之，随着短视频剪辑理念的发展和剪辑技术的进步，镜头组接的技巧也在不断变化和革新，这里介绍的仅仅是较为常见的几种。但是否使用，以及如何使用镜头组接的编辑技巧，创作者需要根据具体创意和需求来定。创作者要避免滥用可有可无的编辑技巧。

↘ 4.1.4　如何选择剪接点

剪接点是指两个镜头相连接的点。只有选准了剪接点的位置，镜头组接才能实现从形式到内容的紧密结合，内容、情节、节奏、情感的发展才合乎逻辑关系和审美特性。

对短视频进行镜头剪接时，创作者要注重4类剪接点的选择：动作剪接点、情绪剪接点、节奏剪接点和声音剪接点。

1. 动作剪接点

创作者要以人物形体动作为基础，以画面情绪和叙事节奏为依据，结合日常生活经验选择动作剪接点。对于运动中的物体，剪接点通常要安排在动作正在发生的过程中。对于具体的操作，创作者可找出动作中的临界点、转折点和"暂停处"作为剪接点。

图4-13所示为根据人物动作进行镜头组接。

需要强调的是，动作剪接点的选择还需要以叙事的情绪和节奏为依据；组接镜头时，上一个镜头要完整地保持到临界点，下一个镜头则需要根据情绪的需要选择起始点。

2. 情绪剪接点

创作者要以心理动作为基础，以表情为依据，结合造型元素选取情绪剪接点。具体来说，创作者在选取情绪剪接点时，需要根据情节的发展、人物内心活动以及镜头长度等因素，把握人物的喜、怒、哀、乐等情绪，尽量选取情绪的高潮作为剪接点，为情绪表达留足空间。

图4-14所示为根据人物情绪进行镜头组接。

图4-13　根据人物动作进行镜头组接

图4-14　根据人物情绪进行镜头组接

3. 节奏剪接点

创作者要以故事情节为基础，以人物关系和规定情境中的中心任务为依据，结合语言、情绪、造型等因素来选取节奏剪接点。节奏剪接点强调镜头内部动作与外部动作的吻合。

创作者在选取画面节奏剪接点时，要综合考虑画面的故事情节、语言动作和造型特点等要素。选取固定画面快速切换可以产生强烈的节奏，选取舒缓的镜头加以组合可产生柔和、舒缓的节奏。创作者还要注意画面与声音的匹配。

图4-15所示为根据节奏进行镜头组接。

4. 声音剪接点

创作者要以声音的特征为基础，根据内容的要求以及声音和画面的有机关系，来选择声音剪接点。声音剪接点要求尽力保持声音的完整性和连贯性。声音剪接点主要包括对白的剪接点、音乐的剪接点和音效的剪接点3种。

图 4-15　根据节奏进行镜头组接

↘ 4.1.5　转场的方式及运用

一个短视频作品往往是由多个场景构成的，从一个场景过渡到另一个场景即为"转场"。在后期剪辑中，创作者需要采用适当的方式来完成转场。转场的方式可分为两大类，即无技巧转场和有技巧转场。

1. 无技巧转场

无技巧转场是指通过镜头的自然过渡来实现前后两个场景的转换与衔接，其强调视觉上的连续性。无技巧转场的思路产生于前期拍摄过程，并于后期剪辑阶段通过具体的镜头组接来完成。无技巧转场包括以下 7 种常见的方式。

（1）直切式转场

直切式转场是最基本、最简单的转场方式，常用于同一主体从一个场景移动到另一个场景的情节。虽然场景产生了变化，但因为场景中存在共同的主体，所以不会让人产生突兀的感觉。直切式转场的过渡直截了当，不着痕迹，符合人们的日常生活规律，因此，它是大部分短视频作品所采用的转场方式。图 4-16 所示为使用直切式转场的转场效果。

图 4-16　使用直切式转场的转场效果

（2）空镜头转场

空镜头转场，即使用没有明确主体形象、以自然风景为主的写景空镜头作为两个场景的衔接点，进而实现转场。图 4-17 所示为使用空镜头转场的转场效果。

图 4-17　使用空镜头转场的转场效果

（3）主观镜头转场

主观镜头转场是指借助镜头的摇移运动或分切组合，在同一组镜头中实现由客观画面到主观画面的自然转换，同时也实现场景的转换。通常前一个场景以主体的观望动作作为结束点，紧接着下一个场景就是主体看到的另一个场景，这样两个场景就自然地连贯起来了。图 4-18 所示为使用主观镜头转场的转场效果。

图 4-18　使用主观镜头转场的转场效果

（4）特写镜头转场

特写镜头因为屏蔽了时空与环境，所以具有天然的转场优势。特写镜头转场是一种很常用的无技巧转场方式。图 4-19 所示为使用特写镜头转场的转场效果。

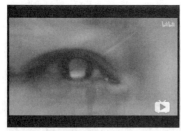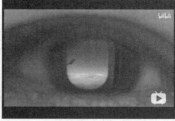

图 4-19　使用特写镜头转场的转场效果

（5）遮挡镜头转场

遮挡镜头转场也称为"转身过场"，即首先拍摄一个主体朝镜头运动的迎面镜头，直至该主体的形象完全将镜头遮蔽，画面呈现为黑屏；之后紧接另一场景中主体逐渐远离镜头的画面，或者接其他场景的镜头，来形成场景的自然过渡。遮挡镜头转场能对画面主体起到强调和扩张的作用，给人以强烈的视觉冲击；能够为情节的继续发展创造悬念；能使画面的节奏变得更加紧凑。图 4-20 所示为使用遮挡镜头转场的转场效果。

图 4-20　使用遮挡镜头转场的转场效果

（6）长镜头转场

长镜头转场是指利用长镜头中场景的宽阔和纵深来实现自然的转场。长镜头具有拍摄距离和景深方面的优势，再配合摄像机的推、拉、摇、移等运动形式，就可以实现镜头从一个场景空间自然过渡到另一个场景空间的变化。

（7）声音转场

声音转场是指前一场景的声音向后一场景延伸，或后一场景的声音向前一场景延伸，从而实现场景的自然过渡。声音转场的形式包括利用画面中人物的对话／台词转场、利用旁白转场、利用音乐或音响转场等。

> **小贴士**
>
> 无技巧转场有很多方式，除了上面介绍的 7 种，还有虚焦转场、甩镜头转场、相似体转场、两极镜头转场等。

2. 有技巧转场

有技巧转场是指在后期剪辑时，借助剪辑软件提供的转场特效来实现转场。有技巧转场可以使观众明确意识到前后镜头间及前后场景间的间隔、转换和停顿，可以使镜头自然、流畅，可以实现一些无技巧转场不能实现的视觉及心理效果。几乎所有的短视频编辑软件都自带许多出色的转场特效。

图 4-21 所示为通过后期编辑软件中的转场特效实现的有技巧转场效果。

图 4-21　有技巧转场效果

有技巧转场的方法与前面讲到的镜头组接的编辑方法基本相同，其也有淡入淡出、叠化、划像等方式，此处不再赘述。相关的注意事项也大致相同，但创作者需要特别注意的是，有技巧转场只在必要的时候才能使用，切忌为追求炫目效果而滥用，以免破坏作品的整体风格。

4.2 短视频声音处理

声音是短视频中的听觉元素，它极大地丰富了短视频的内涵，并增强了短视频的表现力和感染力。声音元素具有传达信息、刻画人物、塑造形象、参与叙事、烘托环境氛围等作用。声音可以使短视频的视觉空间得到延伸，进而形成丰富的时空结构与更加复杂的语言形式。

4.2.1 声音的特性

我们可以根据感觉分析出声音中的若干特性，这些特性是我们通过日常生活经验所熟悉的。

1. 音量

人们之所以能够听到声音，是因为空气的振动。振动的幅度使人们产生了音量感。短视频经常在音量上做文章，例如说话柔声细气的人和说话粗声大气的人之间的对话片段。

音量能够传达速度感。声音的音量越大，速度越快，听众就越感到紧张。音量也可以影响观众对距离的感受，音量越大，观众会觉得声源越近。

2. 音高

音高由发声体的振动频率决定，振动频率越高，声音就越高，反之声音就越低。

3. 音色

一个声音中的各种成分使其具有特殊色彩或品质，这就是被音乐家称为音色的东西。我们说某个人说话鼻音重，或者说某种乐音清亮，都是指音色。通过音色，我们可以区别各种乐器。

作为声音的基本成分，音量、音高和音色常常结合在一起，共同构成短视频中的声音。这3种成分结合在一起，极大丰富了观众对短视频的观看体验。

4.2.2 短视频中声音的类型

现实生活中，声音可以分为人声、自然音响和音乐。短视频作品的创作源于生活，因而短视频的声音也有3种表现形式：人声、音响和音乐。3种声音功能各异，人声以表意和传递信息为主，音响以表现真实为主，音乐以表达情感为主。在短视频作品中，它们虽然形态不同，但相互联系、相互融合，共同构筑起完整的短视频声音空间。

1. 人声

人声是人们自我表达和交流思想感情的主要工具。人声的音调、音色、力度、节奏等元素的综合运用，有助于塑造短视频作品中人物的性格、形象。

短视频作品中的人声又称为语言，包括短视频中的对白、旁白、独白、解说等。人声与镜头画面有机结合，能够起到叙述内容、揭示主题、表达情感、刻画人物性格、扩充画面信息量、展开故事情节等作用。

2. 音响

音响也称为效果声，它是短视频作品中除了人声和音乐之外的所有声音的统称。在短视频中，各种音响以其各自不同的特性构成特殊的听觉形象，发挥增添生活气息、烘托环境、渲染气氛、推动情节发展、创造节奏等功能，增强了短视频的艺术效果。短视频中的音响可以是自然的，也可以是人工模拟的。

3.　音乐

短视频音乐是指专门为短视频作品创作的音乐，或者选用现有的音乐进行编配的音乐。

短视频音乐不同于独立形式的音乐，从短视频音乐的结构、音效形态、表现手段等方面来看，其具有自身的艺术特征。短视频音乐是短视频作品的重要组成部分。

↘ 4.2.3　声音的录制与剪辑方式

由于声音录制方式的不同，声音剪辑方式也不相同。

1.　先期录音

先期录音的声音大多数是比较完整的音乐或唱段，因此，这种声音的剪辑，一般是在短视频拍摄完成之后，按照声音的时长来剪辑视频画面。

2.　同期录音

同期录音的声音与视频画面是同步的、对应的，因此，这种声音的剪辑应该是声音与视频画面同时进行剪辑处理。

3.　后期配音

后期配音通常是在短视频基本剪辑处理完成之后，再来配制声音。

↘ 4.2.4　短视频音乐选择注意事项

完成短视频的编辑处理后，为短视频添加音乐是大部分创作者都比较头痛的事，因为音乐的选择是一件很主观的事情，它需要创作者根据视频的内容主旨、整体节奏来选择，没有固定的标准。下面向大家介绍短视频音乐选择的一些注意事项。

1.　注意整体节奏

除了叙事类这种偏情节的短视频，大部分短视频的节奏和情绪都是由音乐来带动的。

为了使音乐与短视频内容更加契合，在进行视频剪辑时，创作者最好按照拍摄的时间顺序先进行简单粗剪，然后分析视频的节奏，再根据整体的感觉去寻找合适的音乐。视频画面节奏和音乐匹配度越高，画面会越"带感"。

 小贴士

　　每段音乐都有自己独特的情绪和节奏，为了创作出更好的短视频作品，大家还需要培养自己对音乐的节奏感。

2.　把握情感基调

在进行短视频拍摄时，我们要清楚知道短视频表达的主题以及想要传达的情绪。表达的是什么？是无厘头的搞笑内容，还是舒缓解压内容？

先弄清楚情绪的整体基调，才能进一步对短视频中的人、事以及画面进行音乐的筛选。

如果拍摄的是风景类短视频，可以搜寻一些大气磅礴的音乐，或者一些具有传统文化韵味的音乐；如果拍摄的是生活美食类短视频，可以选择一些欢快节奏的音乐。

3.　正确地寻找配乐

一般来讲，短视频音乐的正确选择需要依靠创作者敏锐的听觉以及丰富的经历做支持，创作者需要多听、多想、多培养感觉。比如，创作者可以通过 QQ 音乐和网易云音乐的歌单来查找所需音乐，或者去看一些专业的免费音乐曲库，在这些曲库中进行定向的查找。

4. 不要让音乐喧宾夺主

音乐对于整个短视频起着画龙点睛的作用，但是创作者在寻找音乐时要记住，音乐最高的境界就是让人感觉不到它的存在，因此，音乐一定不能喧宾夺主。

一般来讲，短视频音乐最好选择国内外纯音乐，或者国外的音乐。因为如果音乐很有诱惑力，则容易将观众带入音乐的意境中，从而遮掩了短视频本身的光芒。

图 4-22 所示为名为"日食记"的美食类短视频。该短视频在背景音乐的选择上以舒缓的轻音乐为主，整体非常治愈。

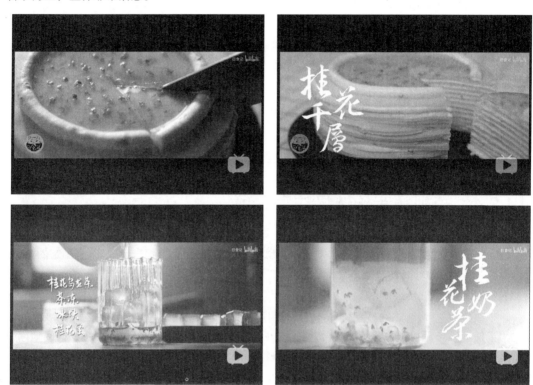

图 4-22　美食类短视频

4.3　短视频节奏处理

节奏由运动而产生，不同的运动状态会产生不同的节奏。短视频最本质的特征是运动，这种运动包括画面各元素的运动、摄像机的运动、声音的运动、剪辑产生的运动，以及所有元素作用于人的心理层面产生的运动和变化。这些运动元素的快慢组合、频率交替设置，形成了每个短视频作品独特的节奏。

4.3.1　短视频节奏分类

短视频节奏包括内部节奏和外部节奏，它是叙事性内部节奏和造型性外部节奏的有机统一，二者的高度融合构成短视频作品的总节奏。

1. 内部节奏

内部节奏是由剧情发展的内在矛盾冲突和人物内心情感变化而形成的节奏。它是一种故事节奏，往往以戏剧动作、场面调度、人物内心活动来显示。内在节奏决定着作品的整体风格。

2. 外部节奏

外部节奏是由镜头本身的运动以及镜头转换的频率所形成的节奏，它往往通过镜头运动、剪辑方式等来体现。图 4-23 所示为通过镜头运动来表现出景物切换节奏。

图 4-23　通过镜头运动来表现出景物切换节奏

3. 内部节奏与外部节奏的关系

内部节奏直接决定着外部节奏的变化，外部节奏往往反过来影响内部节奏的演变。二者之间是一种辩证统一的关系。一般情况下，短视频作品的外部节奏与内部节奏应该保持一致，相互协调。

任何一部短视频作品都有一个整体的节奏，即总节奏。它存在于剧本或脚本里，体现在叙事结构的变化之中，成型于拍摄与剪辑之上。创作者通过内部节奏和外部节奏的合理处理，完成对总节奏的强化，以影响、激发、引导、调控观众的情绪变化和心理感受，使观众获得艺术享受。

↘ 4.3.2　短视频节奏的剪辑技巧

在短视频的后期编辑处理中，剪辑节奏对总节奏的最后形成起着关键作用。所谓剪辑节奏，是指运用剪辑手段，对短视频作品中镜头的长短、数量、顺序等进行有规律安排所形成的节奏。常用的短视频节奏剪辑技巧主要有以下 7 种。

1. 依据内容调整节奏

短视频的题材、内容、结构决定着作品的整体节奏，剪辑节奏也就是镜头组接的节奏。视频后期剪辑手法多种多样，采用不同的剪辑手法会产生不同的节奏效果。通过镜头剪辑频率、排列方式、镜头长短、轴线规则等，可以有效调整作品段落的不同节奏。例如，创作者可以运用重复的剪辑手法，突出重点，强化节奏；还可以运用删除的剪辑手法，精简篇幅，控制节奏，以符合整体节奏的要求。

2. 协调人物动态

人物动作的幅度、力度、速度的变化，都会引起剧情节奏起伏、高低、强弱、快慢的变化。对于主体运动过程太长的镜头，创作者可以通过剪辑中的快动作镜头加以删减，以加快叙事的进程；对于一些表现心理的时间长的情节，创作者可以通过慢镜头剪辑加以实现。动作节奏的把握要根据特定的情节和人物性格而定。通过对人物动作进行合理的选择、安排和协调，可使人物动作镜头组接的节奏符合生活的真实，又符合艺术的真实。

3. 合理利用造型元素

对短视频进行剪辑处理时，创作者可通过调整造型因素来营造新的节奏感，如合理的景别切换、角度选择、线条运用、色彩改变以及光影明暗对比调整等，进而获得符合艺术表现的视觉节奏。一般来说，全景系列镜头信息量大，需要的镜头长度就相对较长；近景系列镜头信息量少，需要的镜头长度就相对较短。例如，将从全景到特写的系列镜头组接在一起，节奏会加快；反之，将从特写到全景的系列镜头组接在一起，节奏会变慢。因此，创造者可通过不同景别镜头的灵活组接，来营造出与剧情发展相适宜的视觉节奏。图 4-24 所示为通过不同镜头的剪辑处理体现出短视频的节奏感。

图 4-24　通过不同镜头的剪辑处理体现出短视频节奏

4. 准确处理时空关系

在短视频剪辑处理过程中，创作者要把握好镜头之间的时空关联性。为了避免突兀感，时空的转换通常在不同场景的镜头之间进行。创作者可通过景物镜头的淡入淡出、叠化这类技巧性处理，来确保不同时空之间镜头缓慢自然过渡，使前后节奏平稳。对于一些动作性较强的情节段落，创作者可利用动作的一致性或相似性，借助动作在时间和空间上的延续性，通过"动接动"直切的连接方式，创造出一种平滑的过渡效果。对于特别紧张的情节，创作者可以运用交叉蒙太奇的剪辑方法，把同一时间在不同空间发生的两种或两种以上的动作交叉剪接，构成一种紧张的气氛和强烈的节奏感，以产生惊险的戏剧效果。图 4-25 中，创作者通过镜头的运动与不同场景的叠化处理，很好地实现了不同场景镜头之间的自然过渡。

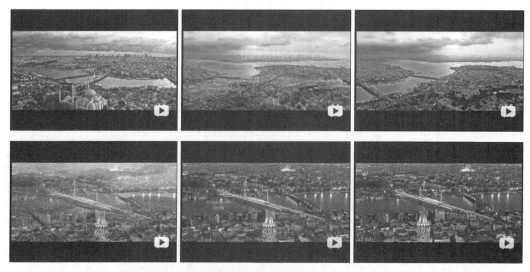

图 4-25　通过镜头的运动与不同场景的叠化处理实现自然过渡

5. 灵活组接运动镜头

运动镜头的变化最能体现出节奏的变化。在短视频剪辑过程中，创作者要灵活调控镜头运动的各种状态、形态、方式，如利用镜头运动的速度、方位、角度变化来加速或延缓节奏。图 4-26 所示为运用不同的镜头方位和角度进行拍摄。

图 4-26　运用不同的镜头方位和角度进行拍摄

6. 巧妙处理镜头组接

镜头组接的方法很多，可以采用有技巧性切换，也可以采用无技巧性切换。一般来说，利用后期视频编辑软件中的技巧性转换镜头，会使节奏舒缓；而运用无技巧性转换镜头，会使节奏加速。不管采用何种镜头转换，都要与短视频作品所要求的节奏相适应。

7. 充分运用声音元素

相对于画面节奏，声音的节奏感更容易被感知，渲染性更强，也更容易让观众产生共鸣。创作者要充分利用声音的节拍、速度、力度的变化形成的韵律，来强化短视频的节奏。

 小贴士

配乐是音乐剪辑的重要内容之一，音乐的剪辑要围绕内容进行分割或重组，音乐的旋律应该与镜头的长度相适应。

影响短视频节奏的因素有很多，那么后期剪辑中应该运用何种剪辑手段来营造一个短视频作品、一个段落、一组镜头的节奏呢？总的原则是以短视频作品的内容特色、风格样式、主体情态和剧情为依据，最终目的是增强作品的艺术表现力和感染力。

4.4　短视频色调处理

色调是由一种色彩或几种相近的色彩所构成的主导色，是为短视频在色彩造型与表现方面所配置的基本色彩。色调直接影响观众的心理情绪，它是传达主题感受、烘托气氛和表达情感的有力手段。

↘4.4.1　色调的分类

短视频的色调由不同的镜头画面色调、场景色调等按一定的布局比例构成。占绝对优势、起主导作用的色调为主色调，又叫基调。根据不同的标准，短视频色调主要有以下 4 种划分形式。

1. 按色相划分

按色相划分，色调可以分为红色调、黄色调、绿色调、蓝色调等。图 4-27 所示为绿色调的短视频画面效果。

图 4-27　绿色调的短视频画面效果

2. 按色彩冷暖划分

按色彩冷暖划分，色调可以分为暖色调、冷色调和中间色调。暖色调由红色、橙色、黄色等暖色构成，这种色调适宜表现热情、奔放、欢快、温暖的内容，如图 4-28 所示。冷色调由青色、蓝色、蓝紫色等冷色构成，这种色调适宜表现恬静、低沉、淡雅、严肃的内容，如图 4-29 所示。中间色调由黑、白、灰等色彩构成，这种色调适宜表现凝重、恐怖或与死亡相关的内容，如图 4-30 所示。

图 4-28　暖色调的短视频画面效果

图 4-29　冷色调的短视频画面效果

图 4-30　中间色调的短视频画面效果

3. 按色彩明度划分

按色彩明度划分,色调可以分为亮调、暗调、浓调和淡调。图 4-31 所示为亮调的短视频画面效果,图 4-32 所示为暗调的短视频画面效果。

图 4-31　亮调的短视频画面效果

图 4-32　暗调的短视频画面效果

4. 按心理因素划分

按心理因素划分,色调可以分为客观色调和主观色调。客观色调是客观事物所具有的色调;主观色调是人们对色彩的一种心理感受,它并不一定符合真实事物的色彩,而往往是创作者根据作品的主题或人物具有的内心感受所创造的一种非现实的色调倾向。

↘4.4.2　色调处理的方法

色调处理可以在拍摄阶段完成,也可以在后期编辑阶段完成。创作者可以通过视频后期处理软件的调色功能来实现对视频色彩的校正和色调调整,进而实现作品整体色调风格的统一。

1．自然处理方法

这种方法主要追求色彩的准确还原，而色彩、色调的表现任务处于次要地位。在拍摄过程中，创作者应先选择正常的色温开关，然后通过调整白平衡来获得真实的色彩或色调。如果拍摄的画面色彩失真，创作者可以在后期处理软件中利用相应的色彩调整命令进行弥补和修正。

2．艺术处理方法

任何一个短视频作品，都有一种与主题相对应的总的色彩基调。基调的种类很多，有明快、温情的基调，有平淡、素雅的基调，还有悲情、压抑的基调，等等。色调与色彩一样，具有象征性和寓意性。色调的确定取决于短视频题材、内容、主题的需要，色调处理是否适当对作品的主题揭示、人物情绪表达有直接的影响。

小贴士

通过色彩处理，可使画面色彩的对比度、饱和度、亮暗部细节，以及镜头间色调与影调衔接等，达到技术和艺术质量的要求。调色不仅能使曝光不佳和出现色偏的画面得到校正和调整，还能使不同场景的影调和色调得到匹配，使画面的艺术效果得到进一步提升。

4.5 短视频字幕处理

字幕是指以文字形式显示在短视频作品中的各种用途的文字，也泛指作品后期加工的文字。

4.5.1 字幕的作用

短视频字幕是短视频作品的一个有机组成部分，是画面、声音的补充和延伸，在短视频作品中具有不可代替的地位和作用。

1．字幕的标识和阐释作用

字幕可以分为标题性字幕和说明性字幕。

标题性字幕包括标题名称、出品单位、主要演员等。尤其是短视频的标题名称，它是画面构成中重要的视觉要素。好的标题名称能够揭示主题，富有吸引力，加深观众对短视频的记忆。图 4-33 所示为短视频的标题字幕效果。

图 4-33　短视频的标题字幕效果

说明性字幕包括画面提示、台词、解说、必要的说明、外文同期声的翻译等。对于运用了画外音、解说词，但还不能完全表达清楚内容的段落，说明性字幕可派上用场。短视频中需要强调、解释、说明的内容，通过字幕阐释，可有效增加其信息量。图 4-34 所示为短视频中的说明性字幕效果。

图 4-34　短视频中的说明性字幕效果

2. 字幕的造型作用

字幕的造型主要体现在字幕的字体、字形、大小、色彩、位置、出入画面方式及运动形态等方面。短视频字幕作为一种构图元素，除了标识、表意、传达信息，还具有美化画面、突出视觉效果的作用。字幕形式要根据短视频的定位、题材、内容、风格样式来设计。字幕的造型、排列和呈现要符合短视频的整体风格，做到字符与画面和谐统一，让观众在接收信息的同时，获得不同的视觉享受。图 4-35 所示为短视频画面中不同风格的标题字幕设计。

图 4-35　不同风格的标题字幕设计

⌄ 4.5.2　为短视频字幕选择合适的字体

为短视频的字幕选择合适的字体，不仅可以使短视频的内容表达更加清楚，还可以丰富短视频的视觉美感。在为短视频字幕选择字体时，创作者需要根据短视频的内容及风格来选择合适的字体。如何为短视频字幕选择合适的字体呢？下面向大家介绍一些短视频字幕字体的选择方法和技巧。

1. 常用中文字体的选择

常用的中文字体主要有宋体、楷体、黑体等。

宋体棱角分明，一笔一画非常平直，横细竖粗，适合偏纪实或风格比较硬朗、比较酷的短视频，如纪录类、时尚类、文艺类短视频。图 4-36 所示为使用宋体作为短视频字幕字体的效果。

图 4-36　使用宋体作为短视频字幕字体的效果

楷体属于一种书法字体。书法字体有一个特点，就是比较飘逸。大楷适用于庄严、古朴、气势雄厚的建筑景观短视频，也适用于传统、复古风格的短视频。图 4-37 所示为使用大楷字体作为短视频字幕字体的效果。

图 4-37　使用大楷字体作为短视频字幕字体的效果

 小贴士

除了楷体，草书、行书等类型的书法字体，同样适用于气势雄厚的建筑景观短视频和传统、复古风格的短视频。

小楷字体比较娟秀，适用于山水风光短视频和基调柔和的小清新风格短视频。图 4-38 所示为使用小楷字体作为短视频字幕字体的效果。

同样比较适用于小清新风格短视频的还有钢笔字体，其字体风格纤细清秀，非常适合用来作为短句旁白的字体，如情感类型的短视频就非常适合采用这种字体。图 4-39 所示为使用钢笔字体作为短视频字幕字体的效果。

图 4-38　使用小楷字体作为短视频字幕字体的效果　　图 4-39　使用钢笔字体作为短视频字幕字体的效果

还有一些经过特别设计的书法字体，这类书法字体都有很强的笔触感，很有挥毫泼墨的感觉，非常适合风格强烈的短视频。图 4-40 所示为使用特殊书法字体作为短视频字幕字体的效果。

图 4-40　使用特殊书法字体作为短视频字幕字体的效果

黑体横平竖直，没有非常强烈鲜明的特点，因此，黑体是最百搭、最通用的字体。在无法确定应该为短视频字幕选择何种字体时，选择黑体基本不会出错。图 4-41 所示为使用黑体作为短视频字幕字体的效果。

图4-41　使用黑体作为短视频字幕字体的效果

2. 常用英文字体的选择

英文字体可以分为衬线字体和无衬线字体。

使用衬线字体的每一个字母，在文字笔画开始、结束的地方都有额外的修饰，笔画粗细会有差异，这样使文字表现出一种优雅的感觉。衬线字体适用于复古、时尚、小清新风格的短视频。图4-42所示为使用衬线字体作为短视频字幕字体的效果。

图4-42　使用衬线字体作为短视频字幕字体的效果

无衬线字体是相对于衬线字体而言的。使用无衬线字体的每一个字母，其每一个笔画结构都保持一样的粗细比例，没有任何修饰。与衬线字体相比，无衬线字体显得更为简洁、富有力度，给人一种轻松、休闲的感觉。无衬线字体很百搭，比较适合冷色调的短视频和未来感、设计感较强的短视频。图4-43所示为使用无衬线字体作为短视频字幕字体的效果。

图4-43　使用无衬线字体作为短视频字幕字体的效果

除非是短视频主题内容需要，否则尽量不要使用装饰性太强的字体。初创作者往往喜欢选择一些花哨的字体，但是越花哨的字体越容易让人产生"土"的感觉，因此，初创作者要谨慎使用。

↘ 4.5.3　字幕的排版与设计技巧

完成短视频字幕字体的选择后，创作者就需要考虑将字幕放置在短视频画面的什么位置。

小贴士

从优秀的短视频作品可以看出，标题的设计是非常丰富多变的。文字的大小、粗细、间距及字体选择，不同的搭配会产生不同的效果。

设置标题字幕时，人们常会选用比较大的字号。如果使用大号标题字幕，并且标题字幕中包含多行文字，那么创作者可以将标题文字的行距加大，以免文字挤在一起。图 4-44 所示为使用大号标题字幕的短视频画面效果。

图 4-44　使用大号标题字幕的短视频画面效果

如果使用小号标题字幕，创作者可以适当加大文字间距。图 4-45 所示为使用小号标题字幕的短视频画面效果。

如果只有一行文字，字幕可以放置在短视频画面的居中位置或最下方。图 4-46 所示为字幕放置在画面居中位置的效果。

图 4-45　使用小号标题字幕的短视频画面效果　　图 4-46　字幕放置在画面居中位置的效果

如果短视频画面中有多行文字，创作者可以适当增大行距，使文字均匀分布，让画面松一些。同时，创作者需要注意的是，行距要大于字距，也就是文字行与行之间的距离要大于字与字之间的距离，这样能够保证一行文字的完整性。图 4-47 所示为多行字幕的短视频画面效果。

图 4-47　多行字幕的短视频画面效果

在以上所介绍的字幕设计基础上，创作者还可以进行其他的一些细节设计，例如使用反差较大的字号进行搭配，如图4-48所示；创作者也可以加宽字距，使字幕更具有设计感，如图4-49所示。

图4-48　使用反差较大的字号进行搭配

图4-49　加宽字距

短视频中的旁白字幕通常位于视频画面的下方，如果把旁白字幕换个位置，就会让人产生不一样的新鲜感，如图4-50所示。竖向的文字排版方式适用于复古、文艺、小清新风格的短视频，如图4-51所示。

图4-50　调整后的旁白字幕位置

图4-51　文字竖向排版

另外，创作者还需要注意字幕与短视频背景的区分，可以使用与背景不同的颜色或适当增加阴影进行区分，以突出字幕的表现效果。图4-52所示为通过文字颜色与画面背景颜色的对比来突出字幕的表现效果。

图4-52　突出字幕的表现效果

4.6　本章小结

完成了前期短视频素材的拍摄之后，创作者就需要对所拍摄的短视频素材进行后期编辑处理；良好的后期编辑处理可以使短视频作品的视觉表现效果更加出色。本章主要介绍的是短视频后期剪辑处理的理论知识。完成本章内容的学习后，读者能够理解短视频后期剪辑处理的思路、方法和原则等，并能够在短视频剪辑处理过程中应用相应的理论知识。

CHAPTER

第5章

使用"抖音"App拍摄与制作短视频

随着短视频行业的迅速发展，各大互联网媒体公司也纷纷推出了自己的短视频App。短视频的拍摄对创作者来说很重要，那么，短视频要如何拍摄、如何突出重点呢？

本章将以"抖音"App为例，讲解短视频的拍摄、效果设置以及短视频封面的设置和短视频发布等内容，以期读者能够理解并掌握短视频拍摄与效果剪辑的方法和技巧。

5.1 拍摄短视频

使用短视频App除了可以观看其他用户拍摄上传的短视频作品，还可以自己拍摄并上传短视频作品，接下来介绍如何使用"抖音"App拍摄短视频。

↘ 5.1.1 使用"抖音"App拍摄短视频

"抖音"App是一个可以拍摄短视频的音乐创意短视频移动社交应用软件，于2016年9月上线。用户可以通过"抖音"App选择音乐，拍摄15秒的音乐短视频，形成自己的作品。"抖音"App在Android各大应用商店和App Store均有上线。

打开"抖音"App，点击界面底部的"+"图标，如图5-1所示，即可进入短视频拍摄界面，如图5-2所示。

图5-1　点击"+"图标

图5-2　短视频拍摄界面

在打开界面的底部提供了不同的拍摄模式，如"拍照""分段拍""快拍""影集"和"开直播"，默认为"快拍"模式，可以拍摄时长为15秒的短视频。

点击底部的"拍照"文字，即可切换到"拍照"模式中，此时点击界面底部的白色圆形图标，可以拍摄照片，如图5-3所示。

点击底部的"分段拍"文字，即可切换到"分段拍"模式中。在该模式中允许拍摄时长为15秒或60秒的两种不同时长的短视频，选择所需要的拍摄时长，点击界面底部的红色圆形图标（见图5-4，为灰色圆形图标），即可开始短视频的拍摄；当所拍摄的时长达到所选择的时长后，自动停止短视频的拍摄。

点击底部的"影集"文字，可以切换到"影集"模式中，"抖音"为用户提供了多种类型的影集模板，如图5-5所示，用户通过所提供的影集模板可以快速地创作出同款的短视频。

点击底部的"开直播"文字，可以切换到"视频直播"模式中，就可以开启"抖音"App的视频直播功能，如图5-6所示。

在默认的"快拍"模式中，点击界面底部带闪电标识的红色圆形图标（见图5-2，为灰色圆形图标），即可开始短视频的拍摄，如图5-7所示。按住短视频拍摄界面中底部的红色圆圈并向屏幕上方拖曳，可以实现镜头变焦，拉近远处物体，如图5-8所示。最长可以拍摄15秒时长的短视频，在拍摄过程中可以随时点击界面底部的红色圆圈，结束短视频的拍摄，界面会自动切换到所拍摄短视频的编辑界面，如图5-9所示。

图 5-3 "拍照"模式　　图 5-4 "分段拍"模式　　图 5-5 "影集"模式　　图 5-6 "视频直播"模式

图 5-7 开始拍摄短视频　　　　图 5-8 实现镜头变焦　　　　图 5-9 进入短视频编辑状态

 小贴士

在短视频拍摄过程中，可以通过变焦拍摄改变被拍摄物体的景别。按住红色圆圈向屏幕上方拖曳，可以拉近镜头观看被拍摄物体的近貌和特写；向屏幕下方拖动，可以推远镜头观看被拍摄物体的全貌。

↘ 5.1.2　短视频拍摄辅助工具

"抖音"App 短视频拍摄界面的右侧为用户提供了多个拍摄辅助工具，分别是"翻转""快慢速""滤镜""美化""倒计时"和"闪光灯"，如图 5-10 所示，通过这些工具可以有效地辅助用户进行短视频的拍摄。

1. 翻转

现在几乎所有智能手机都具有前后双摄像头功能，前置摄像头主要是为了方便进行视频通话和自拍。在使用"抖音"App 进行短视频拍摄时，只需要点击界面右侧的"翻转"图标，即可切换拍摄所需用的摄像头，从而方便用户自己进行自拍。

2. 快慢速

在拍摄短视频时，使用快慢镜头是经常用到的一种手法，以形成突然加速或突然减速的视频效果。在"抖音"App中也可以通过"快慢速"功能来控制拍摄视频的速度。

在短视频拍摄界面中点击右侧的"快慢速"图标，在界面中显示"快慢速"选项，默认为"标准"速度，如图5-11所示。

图5-10　拍摄辅助工具　　　　　图5-11　显示"快慢速"选项

"抖音"App为用户提供了5种拍摄速度，例如我们可以选择一种速度进行拍摄，在拍摄过程中可以随时暂停，再切换为另一种速度进行拍摄，这样就可以获得在一个短视频的不同部分表现出不同速度的效果。

 小贴士

需要注意的是，在拍摄过程中如果随意切换快慢速度会导致短视频出现卡顿现象。在进行快慢速拍摄时，当镜头速度调整为"极快"拍摄时，视频录制的速度却是最慢的；当镜头速度调整为"极慢"拍摄时，视频录制的速度却是最快的。其实，这里所说的速度并非是我们看到的进度快慢，而是镜头捕捉速度的快慢。

3. 滤镜

在短视频的拍摄过程中还可以为镜头添加滤镜效果，从而使拍摄出来的短视频具有明显的风格化效果。

在短视频拍摄界面中点击右侧的"滤镜"图标，在界面底部显示内置的滤镜选项，即"人像""风影""美食"和"新锐"4种类型的滤镜，如图5-12所示。在滤镜分类中点击任意一个滤镜选项，即可在拍摄界面中看到应用该滤镜的效果，并且可以通过拖曳滑块控制滤镜效果的强弱，如图5-13所示。

点击"管理"选项，可以切换到滤镜管理界面，在这里可以设置每个分类中相关滤镜的显示与隐藏，例如可以将常用的滤镜显示，将不常用的滤镜隐藏，如图5-14所示。

点击滤镜分类选项左侧的"取消"图标◎，可以取消为镜头所应用的滤镜效果。

 小贴士

在短视频拍摄界面中向右滑动操作，可以按顺序切换各种滤镜效果，从而实现对比各种滤镜的效果，快速选择合适的滤镜。

图5-12　显示滤镜选项

图5-13　应用滤镜效果

图5-14　管理滤镜选项

4. 美化

许多短视频创作者对于短视频拍摄时的美颜功能十分看重，下面介绍如何使用"抖音"App中的短视频拍摄美化功能。

在短视频拍摄界面中点击右侧的"美化"图标，在界面底部显示内置的美化功能选项，即"磨皮""瘦脸""大眼""清晰"和"美白"5种美化选项，如图5-15所示。

点击一种美化选项，即可为所拍摄对象应用这种美化效果，并且可以通过拖曳滑块来调整这种美化效果的强弱，如图5-16所示。点击"重置"选项，可以将所应用的美化效果重置为默认的设置。

图5-15　显示美化选项　　　　　　　　图5-16　应用美化效果

> **小贴士**
>
> 短视频拍摄界面中所提供的美化功能主要针对人物脸部起作用，对于其他被拍摄物体几乎没有作用。

5. 倒计时

使用"倒计时"功能可以实现自动暂停拍摄，从而方便拍摄者设计多个拍摄片段，并且可以通过设置拍摄时间来卡点音乐节拍。

在短视频拍摄界面中点击右侧的"倒计时"图标，在界面底部显示与倒计时相关的选项，如图5-17所示。

在倒计时选项右上角可以选择倒计时的时长，有两种时长可供选择，分别是"3s"和"10s"，拖曳时间线可以调整所需要拍摄短视频的时长，如图5-18所示。

点击"开始拍摄"按钮，开始拍摄倒计时，如图5-19所示。完成倒计时之后自动开始拍摄，到设定的时长后自动停止拍摄。

图5-17　显示倒计时相关选项

图5-18　设置相关选项

图5-19　开始拍摄倒计时

6. 闪光灯

在昏暗的环境中进行短视频拍摄需要灯光的辅助，"抖音"App的短视频拍摄界面中为用户提供了闪光灯辅助照明的功能。

在短视频拍摄界面中点击右侧的"闪光灯"图标，即可开启手机自带的闪光灯辅助照明功能。默认情况下，该功能为关闭状态。图5-20所示为关闭闪光灯和开启闪光灯的拍摄效果对比。

图5-20　关闭闪光灯和开启闪光灯的拍摄效果对比

↘5.1.3　使用道具拍摄

使用"抖音"App拍摄短视频时还可以使用道具，合理使用道具能够拍摄出生动有趣、颇具创意的视频效果。

1. 手动选择道具

打开"抖音"App，点击界面底部的"+"图标，进入拍摄界面，点击界面左下方的"道具"图标，如图5-21所示。在界面底部显示"抖音"App中内置的多种不同类型的道具，点击某个道具选项，即可预览应用该道具的效果，如图 5-22 所示。

点击"道具"图标——

图 5-21　点击"道具"图标　　　图 5-22　道具选项

"抖音"App 中内置的道具包括"热门""最新""氛围""头饰""场景""扮演""新奇""美妆""变形""测一测"和"游戏"共 11 类，如图 5-23 所示。

（a）"热门"类

（b）"最新"类

（c）"氛围"类

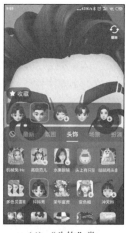

（d）"头饰"类

（e）"场景"类

（f）"扮演"类

（g）"新奇"类

（h）"美妆"类

图 5-23　"抖音"中内置的道具分类

　　（i）"变形"类　　　　　（j）"测一测"类　　　　　（k）"游戏"类

图 5-23　"抖音"中内置的道具分类（续）

小贴士

　　许多内置道具都需要针对人物脸部才能够使用，例如"头饰""扮演""美妆"和"变形"等类别中的道具，这种情况下，可以点击界面右上角的"翻转"图标，使用手机前置摄像头进行拍摄，即可使用相应的道具。

　　点击选择某个自己喜欢的道具选项，点击"收藏"图标，可以将所选择的道具加入"收藏"选项卡中，如图 5-24 所示，便于下次使用时能够快速找到。如果不想使用任何道具，可以点击道具选项栏最左侧的"取消"图标，如图 5-25 所示，取消道具的使用。

　　图 5-24　查看收藏的道具选项　　　图 5-25　取消道具的使用

2. 使用同款道具

　　在"抖音"App 中观看短视频时，如果发现一些自己喜欢的道具，自己也想使用这些道具，可以搜索道具或在观看短视频时使用同款道具拍摄。

　　打开"抖音"App，点击界面右上角的"搜索"图标，如图 5-26 所示。切换到搜索界面中，在搜索框中输入关键字，例如"节拍摇摆"，在弹出的搜索关键字列表中点击"节拍摇摆道具"选项，如图 5-27 所示。

切换到搜索结果界面，在"节拍摇摆"道具选项下方都是使用该道具拍摄的短视频，如图 5-28 所示。点击短视频进行浏览观看，找到自己喜欢的同款，在左下方显示应用了什么道具，如图 5-29 所示。如果点击道具名称，可以在打开的界面中收藏道具或进行同款拍摄。

点击道具名称，可以显示使用该道具拍摄的相关短视频

图 5-26　点击"搜索"
　　　　图标

图 5-27　点击相应
　　　　的选项

图 5-28　搜索结果界面

图 5-29　观看短视频

点击界面右侧的"分享"图标，在弹出的选项中点击"同款道具"图标，如图 5-30 所示，即可切换到短视频拍摄界面，并自动应用相同的道具和音乐，如图 5-31 所示。

图 5-30　点击"同款道具"图标

图 5-31　使用同款道具拍摄

↘ 5.1.4　分段拍摄

使用"抖音"App 进行短视频拍摄时，可以一镜到底持续地拍摄，也可以使用"抖音"App 中的"分段拍"模式，在拍摄过程中暂停，转换镜头再继续拍摄。例如，如果要拍摄实现瞬间换装的短视频，可以在拍摄过程中暂停拍摄，更换衣服后再继续拍摄。

打开"抖音"App，点击界面底部的"+"图标，进入短视频拍摄界面，点击界面底部的"分段拍"文字，切换到分段拍界面，如图 5-32 所示。

点击界面底部的红色圆形图标，即可开始短视频的拍摄，如图 5-33 所示。在拍摄过程中点击界面底部的红色正方形图标，即可暂停短视频的拍摄，从而获得第 1 段视频素材，并且在界面上方显示红色的拍摄进度条，如图 5-33 所示。

可以选择所需要
拍摄短视频的时
长，默认为 15 秒

显示拍摄
时间进度

点击该图标，
可以停止短
视频拍摄

图 5-32　分段拍摄界面　　　　图 5-33　开始短视频拍摄

💬 小贴士

　　"分段拍"模式为用户提供了两种短视频时长选择，分别是 15 秒和 60 秒，点击相应的文字即可选择所要拍摄的短视频的时长。

　　如果点击"删除"图标，则可以将刚拍摄的第 1 段视频素材删除，如图 5-34 所示。
　　使用相同的操作方法，可以继续拍摄第 2 段视频，如图 5-35 所示。如果要结束短视频的拍摄，可以点击"√"图标，或者当拍摄时长达到所选择的短视频时长时，自动停止拍摄，并自动切换到短视频编辑界面，播放刚刚拍摄的短视频，如图 5-36 所示。

点击该图标，
可以删除刚拍
摄的短视频

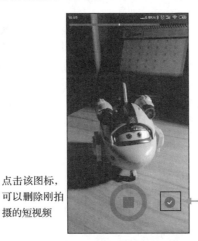

点击该图标，
可以在当前时
间结束短视频
拍摄

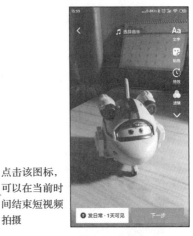

图 5-34　完成第 1 段视频拍摄　　图 5-35　继续拍摄短视频　　图 5-36　短视频编辑界面

　　如果需要直接发布短视频或保存草稿，可以点击界面底部的"下一步"按钮，切换到"发布"界面，如图 5-37 所示。在该界面中可以选择将所拍摄的短视频直接发布或者保存到草稿箱中。
　　在完成短视频的拍摄后，先将其保存为草稿，方便后期进行编辑处理；在"发布"界面中点击"草稿"按钮，即可将短视频保存到草稿箱中。进入"抖音"App 中的"我"界面，点击"草稿箱"选项，进入"本地草稿箱"界面，如图 5-38 所示。
　　在"本地草稿箱"界面中点击需要编辑的短视频，可以再次切换到"发布"界面，点击界面左上角的"返回编辑"选项，返回到短视频编辑界面，在该界面中可以对短视频进行重新编辑；点击左上角的"继续拍摄"选项，如图 5-39 所示，可以切换到分段拍摄界面，继续短视频的拍摄。

图 5-37　"发布"界面

图 5-38　"本地草稿箱"界面

图 5-39　点击"继续拍摄"选项

↘5.1.5　合拍与抢镜拍摄

利用"抖音"App 中的合拍功能可以在一个视频界面中同时显示他人拍摄的多个视频，该功能满足了很多用户想与自己喜欢的"网红"合拍的心愿。抢镜拍摄与合拍拍摄类似，是作为一个浮动窗口与所选择的短视频合成在一起的。

1. 合拍拍摄

打开"抖音"App，找到需要合拍的视频，点击界面右侧的"分享"图标，如图 5-40 所示。在界面下方显示相应的分享功能图标，点击"合拍"图标，如图 5-41 所示。程序处理完成后自动进入分屏合拍界面，默认为左右分屏，如图 5-42 所示。

图 5-40　点击"分享"图标

图 5-41　点击"合拍"图标

图 5-42　分屏合拍界面

点击界面（见图 5-42）右侧的"布局"图标，在界面底部显示布局选项，可以选择"左右""上下"或"三屏"布局，这里点击"上下"选项，将分屏合拍切换为上下布局方式，如图 5-43 所示。点击"上下切换"图标，即可将上下两个分屏窗口进行切换，如图 5-44 所示。完成分屏窗口的布局设置之后，在屏幕空白处点击即可。点击底部的红色圆形图标，即可开始合拍视频，如图 5-45 所示。

图5-43　选择分屏布局方式

图5-44　切换上下分屏窗口

图5-45　开始合拍视频

2. 抢镜拍摄

在"抖音"App中找到需要抢镜的视频，如图5-46所示。点击界面右侧的"分享"图标，在界面下方显示相应的分享功能图标，点击"抢镜"图标，如图5-47所示。程序处理完成后自动进入抢镜合拍界面，点击界面底部的红色圆形图标，即可开始抢镜拍摄，如图5-48所示。

图5-46　找到需要抢镜的视频

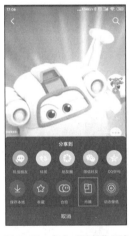

图5-47　点击"抢镜"图标

图5-48　开始抢镜拍摄

小贴士

抢镜拍摄界面的小浮动窗口中显示的是所选择的需要抢镜的短视频，在该界面中可以拖曳调整浮动窗口的位置。

↘ 5.1.6　导入短视频素材

在"抖音"App中不仅可以拍摄短视频，还可以导入手机中的视频素材到"抖音"App中进行处理，再发布短视频。

进入"抖音"App的短视频拍摄界面，点击右下角的"相册"图标，如图5-49所示。进入相册素材选择界面，选择"视频"选项卡，选择需要导入的视频素材，如图5-50所示。点击"下一步"按钮，进入视频预览界面，自动播放所导入的视频素材，如图5-51所示。

图 5-49　点击"相册"图标

图 5-50　选择视频素材

图 5-51　预览视频素材

点击视频预览界面右下角的"快慢速"图标，可以在界面下方显示快慢速选项，如图 5-52 所示。默认为"标准"速度；点击"慢"选项，可以降低视频速度；点击"快"选项，可以增加视频速度。

点击视频预览界面右下角的"旋转"图标，可以将视频素材按顺时针方向旋转 90°，如图 5-53 所示。

按住并拖曳视频预览界面底部帧画面两侧的红色竖线图标，可以对导入的视频素材进行裁剪，如图 5-54 所示。对视频素材进行裁剪后，所导入视频素材的时长会发生相应的改变。

完成对所导入视频素材的设置之后，点击界面右上角的"下一步"按钮，即可进入短视频效果编辑界面，如图 5-55 所示。在该界面中可以为所导入的短视频素材添加文字、贴纸、特效等多种效果。

图 5-52　显示快慢速选项　图 5-53　旋转视频素材

视频时长

图 5-54　裁剪视频素材

图 5-55　短视频效果编辑界面

↘ 5.1.7　使用影集模板快速制作短视频

通过使用"抖音"App 中的影集模板功能，只需要根据影集模板的提示替换模板中相应数量的照片，即可快速制作出属于自己的影集短视频，非常方便、快捷，而且具有非常不错的视觉效果。

微课视频

扫一扫

实战 使用影集模板快速制作短视频

最终效果：资源＼第5章＼5-1-7.mp4。

视频：视频＼第5章＼使用影集模板快速制作短视频.mp4。

01. 打开"抖音"App，点击界面底部的"+"图标，进入短视频拍摄界面，点击界面底部的"影集"文字，切换到影集模板界面中，如图5-56所示。在不同的选项分类中点击相应的影集模式，即可进行影集效果预览，如图5-57所示。

 小贴士

每个影集模板下方的说明文字中会说明当前影集模板使用几张照片能够获得最佳的效果，我们可以根据所选择的影集模板来决定照片素材的数量。

02. 如果确定使用当前影集模板来创建短视频，可以点击底部的"选择素材"按钮，在弹出的界面中选择相应的照片素材，如图5-58所示。点击"确定"按钮，"抖音"App自动对所选择的照片素材进行处理，并显示该短视频的编辑界面，如图5-59所示。

图5-56　影集模板界面

图5-57　影集效果预览

图5-58　选择照片素材

图5-59　短视频编辑界面

03. 使用界面右上角所提供的功能图标可以为短视频添加文字、贴纸、特效、滤镜和画质增强效果。例如这里点击"画质增强"图标，可以使短视频的画面色彩更鲜艳一些，如图5-60所示。点击"下一步"按钮，进入发布界面，如图5-61所示。

04. 点击"发布"按钮，即可完成该短视频的发布。随后，可以看到使用影集模板快速制作的短视频效果，如图5-62所示。

图5-60　开启"画质增强"功能

图5-61　发布界面

图5-62　预览短视频效果

5.2　短视频效果设置

完成短视频的拍摄之后，可以直接在"抖音"App 中对短视频的效果进行设置，如为短视频添加背景音乐、文字、贴纸、特效、滤镜等效果，从而美化短视频的视听觉表现效果。

↘ 5.2.1　为短视频选择背景音乐

"抖音"作为一款音乐短视频 App，背景音乐自然是不可缺少的重要元素之一，背景音乐甚至能够影响短视频拍摄的思维与节奏。

进入"抖音"App 的短视频拍摄界面，点击界面上方的"选择音乐"按钮，如图 5-63 所示，可以在开始短视频拍摄之前选择好相应的音乐。

点击短视频拍摄界面右下角的"相册"图标，进入相册素材选择界面，选择"视频"选项卡，选择需要导入的视频素材，如图 5-64 所示。点击"下一步"按钮，进入视频预览界面，自动播放所导入的视频素材，如图 5-65 所示。

图 5-63　短视频拍摄界面　　　图 5-64　选择视频素材　　　图 5-65　视频预览界面

小贴士

除了可以在短视频拍摄之前选择好相应的背景音乐，还可以在完成短视频拍摄之后进入短视频编辑界面中为短视频选择相应的背景音乐。在这里，我们采用的是导入外部视频素材，再为其选择相应的背景音乐。

点击"下一步"按钮，进入短视频编辑界面，点击界面上方的"选择音乐"按钮，如图 5-66 所示。界面底部显示了一些自动推荐的背景音乐，如图 5-67 所示。点击"更多音乐"图标，弹出"选择音乐"界面，如图 5-68 所示。

点击"歌单分类"栏目右侧的"查看全部"文字，进入"歌单分类"界面，显示"抖音"中所提供的所有歌单分类，用户可以根据短视频的风格选择相应的音乐类别，如图 5-69 所示。在这里点击"旅行"类别，显示"旅行"类别的音乐列表，通过上下滑动来查看音乐列表，点击音乐名称，即可试听该音乐，如图 5-70 所示。

点击音乐名称右侧的"星号"图标，可以将音乐加入收藏，点击"使用"按钮，即可使用所选择的音乐作为背景音乐，"抖音"App 自动返回短视频编辑界面并应用刚选择的背景音乐，如图 5-71 所示。

图 5-66 点击"选择音乐"按钮

图 5-67 显示推荐的背景音乐

图 5-68 "选择音乐"界面

图 5-69 "歌单分类"界面

图 5-70 "旅行"类别音乐列表

图 5-71 应用背景音乐

　　点击界面底部的"收藏"文字，可以切换到"收藏"选项卡，该选项卡中显示了用户收藏的音乐，可方便用户快速使用，如图 5-72 所示。

　　点击界面底部推荐音乐选项右上角的"剪取音乐"图标，显示音乐剪取选项，通过左右拖曳音乐声谱可以剪取与短视频长度相等的一段音乐，剪取完成后点击"√"图标，如图 5-73 所示。

　　点击界面底部的"音量"文字，可以切换到音量设置界面，如图 5-74 所示。"原声"选项用于控制短视频原声的音量大小，"配乐"选项用于控制所选择背景音乐的音量大小，用户可以通过拖曳滑块的方式来调整"原声"和"配乐"的音量大小。

图 5-72 显示收藏的音乐

图 5-73 音乐剪取界面

图 5-74 音量设置界面

小贴士

在剪取音乐时，需要注意声谱的起伏波形并不是根据声音的高低而形成的可视化图形。如果所拍摄的短视频中的声音需要去除，可以在音量设置界面中将"原声"选项滑块向左拖曳，将其设置为0，短视频中的声音就可以变成静音。

在选择短视频的背景音乐时，还可以直接在"选择音乐"界面顶部的搜索栏中直接输入音乐名称进行搜索，如图5-75所示。除此之外，当我们在"抖音"App中观看短视频时，如果喜欢某个短视频的音乐，可以点击界面右下角的"音乐"图标（见图5-76），在显示的界面中点击"收藏"按钮，如图5-77所示，将该短视频音乐加入"收藏"中，下次就可以直接从"收藏"中选择该音乐。

图5-75　搜索音乐

图5-76　点击"音乐"图标

图5-77　点击"收藏"按钮

5.2.2　添加文字

进入"抖音"App的短视频拍摄界面，点击短视频拍摄界面右下角的"相册"图标，进入相册素材选择界面，选择需要导入的视频素材，如图5-78所示。点击"下一步"按钮，进入视频预览界面，自动播放所导入的视频素材，如图5-79所示。点击"下一步"按钮，进入短视频编辑界面，点击界面右侧的"文字"图标，如图5-80所示。

图5-78　选择视频素材

图5-79　预览视频素材

图5-80　点击"文字"图标

在界面底部显示文字输入键盘，直接输入需要的文字内容，如图5-81所示。在键盘上方可以选择文字的字体和颜色，如图5-82所示。

图5-81　输入文字　　　　　　图5-82　选择字体和文字颜色

在图5-82中可以为添加的文字设置4种文字样式，分别是纯色背景、半透明背景、透明背景和黑色描边，只需点击"样式"图标，即可在4种文字样式之间进行切换，如图5-83所示。此外，还可以设置文字的对齐方式，共有3种对齐方式，分别是左对齐、居中对齐和右对齐，只需点击"对齐"图标，即可在3种文字对齐方式之间进行切换，如图5-84所示。

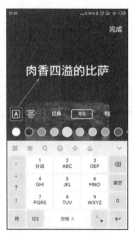
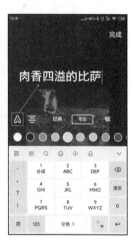

（a）纯色背景　　　　（b）半透明背景　　　　（c）透明背景　　　　（d）黑色描边

图5-83　4种文字样式

点击右上角的"完成"文字，完成文字内容的输入和设置。默认文字位于视频中间位置，按住文字并拖曳可以调整文字的位置，如图5-85所示。

如果需要对文字内容进行编辑，可以点击所添加的文字，在弹出的菜单中可以进行相应的操作，如图5-86所示。

在文字编辑菜单中点击"文本朗读"选项，可以对所添加的文字内容进行自动识别，并在视频播放过程中加入文字内容的朗读声音。

在文字编辑菜单中点击"设置时长"选项，在界面底部将显示文字时长设置选项，用户可以通过拖曳左右两侧的红色竖线图标，调整文字内容在视频中的出现时间和结束时间，如图5-87所示。点击界面右下角的"√"图标，完成文字时长的调整。

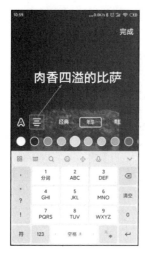

图 5-84　设置文字对齐方式　　　　图 5-85　拖曳调整文字位置　　　　图 5-86　文字编辑菜单

在文字编辑菜单中点击"编辑"选项，将显示输入键盘，用户可以对文字内容进行修改，并且可以修改字体、字体样式、对齐方式和文字颜色。

如果需要删除所添加的文字内容，可以按住文字不放，在界面顶部会出现"删除"图标，如图 5-88 所示，将文字拖到"删除"图标上。

 小贴士

对添加的文字内容还可以进行缩放和旋转操作，通过双指捏合操作，可以缩小文字；通过双指展开操作，可以放大文字；通过双指在屏幕上旋转可以对文字进行旋转操作。

图 5-87　调整文字时长　　　　　　　　　图 5-88　删除文字操作

↘ 5.2.3　添加贴纸

在"抖音"App 中编辑短视频时，可以为短视频添加有趣的贴纸，并设置贴纸的显示时长。

在短视频编辑界面中点击右侧的"贴纸"图标，如图 5-89 所示。在弹出的界面中显示内置的贴纸，共有两种类型的贴纸，分别是"贴图"和"表情"，如图 5-90 所示。

图 5-89 点击"贴纸"图标

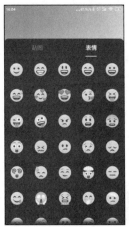
图 5-90 "贴图"和"表情"两种类型的贴纸

点击任意一个需要使用的贴纸，即可在当前视频中添加该贴纸，如图 5-91 所示。使用双指分开操作，可以放大所添加的贴纸，按住贴纸并拖曳可以调整贴纸的位置，如图 5-92 所示。点击所添加的贴纸，可以弹出贴纸设置菜单，如图 5-93 所示。

图 5-91 添加贴纸

图 5-92 调整贴纸大小和位置

图 5-93 显示贴纸设置菜单

在贴纸设置菜单中点击"钉住"选项，进入贴纸钉住设置界面，通过拖曳滑块设置贴纸钉住的位置，点击"钉住"文字，如图 5-94 所示，即可使贴纸钉住指定位置。在视频播放过程中，贴纸会始终跟随钉住的位置进行移动。

在贴纸设置菜单中点击"设置时长"选项，进入贴纸时长设置界面，默认贴纸的时长与短视频时长相同，可以通过拖曳左右两侧的红色竖线图标，调整贴纸的时长，如图 5-95 所示。点击界面右下角的"√"图标，完成贴纸时长的调整。

使用相同的操作方法，可以为视频添加多个不同的贴纸；按住贴纸不放，在界面顶部会出现"删除"图标，如图 5-96 所示，将贴纸拖到删除图标上，即可删除贴纸。

 小贴士

在使用贴纸的"钉住"功能时，视频中某个对象需要始终位于视频画面中，这时就可以用贴纸钉住该对象，否则无法实现理想的效果。

图 5-94　使用"钉住"功能

图 5-95　调整贴纸时长

图 5-96　删除贴纸

↘5.2.4　添加特效

"抖音"App 为用户提供了多种内置特效，用户使用这些特效能够快速实现许多炫酷的视觉效果，使短视频的表现更加富有创意。

在短视频编辑界面中点击右侧的"特效"图标，如图 5-97 所示。切换到特效应用界面，该界面中有"梦幻""自然""动感""材质""转场""分屏""装饰"和"时间"共 8 种类型的特效可供用户选择，如图 5-98 所示。

图 5-97　点击"特效"图标

拖曳白色竖线，调整开始应用特效的位置

特效分类，点击可以切换到相应的类别中

图 5-98　特效应用界面

不同特效的应用方式也有所区别，可以根据界面中的应用提示进行操作。

切换到"转场"类别中，该类别中的特效只需要点击相应的特效缩览图即可应用，例如点击"模糊变清晰"缩览图，在当前位置应用该特效，如图 5-99 所示。

切换到"分屏"类别中，按住"黑白三屏"特效缩览图不放，"抖音"App 自动播放视频并应用该特效，当放开手指时结束特效应用，如图 5-100 所示。

点击界面右上角的"保存"文字，可以保存特效设置，并返回短视频编辑界面中。如果需要取消刚应用的特效，可以点击"撤销"按钮。

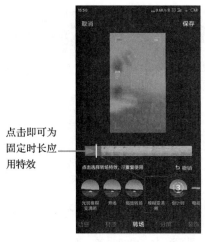

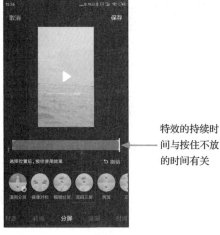

点击即可为
固定时长应
用特效

特效的持续时
间与按住不放
的时间有关

图 5-99　点击应用特效　　　　图 5-100　长按不放应用特效

↘ 5.2.5　应用时间特效

"抖音"App 中包含 3 种时间特效，分别是"时光倒流""反复"和"慢动作"，时间特效的
应用与其他特效的应用有所不同。

在短视频编辑界面中点击右侧的"特效"图标，如图 5-101 所示。切换到特效应用界面，点
击"时间"文字，切换到"时间"特效界面，如图 5-102 所示。

点击"时光倒流"图标，可以为短视频应用"时光倒流"特效以实现短视频倒放的效果，如
图 5-103 所示。

 小贴士

"时光倒流"特效是针对整个短视频起作用的，不可以设置为短视频中某一段内容应用该特效，
也就是说该特效的应用范围不可以调整。

图 5-101　点击"特效"图标　　图 5-102　"时间"特效界面　　图 5-103　应用"时光倒流"特效

点击"反复"图标，可以应用"反复"特效，如图 5-104 所示。拖曳滑块可以调整"反复"
特效的应用范围，如图 5-105 所示。在播放短视频时，应用"反复"特效的区域将反复播放 3 次。

点击"慢动作"图标，可以应用"慢动作"特效，拖曳滑块可以调整"慢动作"特效的应用范围，
如图 5-106 所示。在播放短视频时，应用"慢动作"特效的区域将以慢速进行播放。

图 5-104 应用"反复"特效 图 5-105 调整特效的应用范围 图 5-106 应用"慢动作"特效

5.2.6 添加其他效果

除了可以为短视频添加前面介绍的效果，在"抖音"App 的短视频编辑界面中还可以为短视频添加滤镜、自动字幕、画质增强、变声等效果，下面分别进行介绍。

1. 滤镜

在短视频编辑界面中点击右侧的"滤镜"图标，如图 5-107 所示。界面底部显示了内置的滤镜选项，即"人像""风景""美食"和"新锐"4 种类型的滤镜，如图 5-108 所示。与短视频拍摄界面中的滤镜操作相同，点击滤镜选项，即可为短视频应用该滤镜，并且可以通过拖曳滑块控制滤镜效果的强弱，如图 5-109 所示。

图 5-107 点击"滤镜"图标 图 5-108 显示滤镜选项 图 5-109 点击应用滤镜

2. 自动字幕

在短视频编辑界面中点击右侧的"自动字幕"图标，自动对短视频中的歌曲进行在线识别，识别完成后将自动显示得到的字幕内容，如图 5-110 所示。

点击"编辑"图标，进入字幕编辑界面，可以对自动识别得到的字幕进行修改，如图 5-111 所示。修改完成后点击界面右上角的"√"图标，返回自动识别字幕界面中。

点击"字体"图标，进入字体设置界面，可以设置字幕的字体、字体样式和文字颜色，这里的设置与输入文字的设置相同，如图 5-112 所示。设置完成后点击界面右下角的"√"图标，返回自动识别字幕界面中。

图 5-110　得到自动识别字幕

图 5-111　修改字幕内容

图 5-112　设置字幕文字效果

　　点击"删除"图标，弹出删除提示对话框，如图 5-113 所示，点击"确认"按钮，即可删除识别得到的字幕；点击"取消"按钮，则不删除字幕。

　　点击自动识别字幕界面右上角的"保存"文字，保存对自动识别字幕的相关设置。返回短视频编辑界面，在字幕位置进行两指分开操作可以放大字幕文字，按住拖曳可以调整字幕的位置，如图 5-114 所示。

 小贴士

　　使用"自动字幕"功能可以在线识别得到短视频素材中的原声或所添加的背景音乐的字幕，但歌曲尽量是普通话的中文歌曲，这样会具有比较高的识别率。

图 5-113　删除提示对话框

图 5-114　放大文字并调整位置

3. 画质增强

　　在短视频编辑界面中点击右侧的"画质增强"图标，可以自动对短视频的整体色彩和清晰度进行适当的调整，从而使短视频的画质具有很好的表现效果，如图 5-115 所示。"画质增强"功能没有设置选项，属于自动调节功能。

4. 变声

在短视频编辑界面中点击右侧的"变声"图标，在界面底部显示变声选项，如"花栗鼠""小哥哥""麦霸""扩音器""机器人""没电了""颤音""电音""合成器""小黄人""巨人"和"声波"等多种类型的声音效果，如图 5-116 所示。点击相应的变声选项，即可将该短视频中的声音变成相应的声音效果，从而使短视频具有独特的个性。

图 5-115 　应用"画质增强"效果　　　　图 5-116 　显示变声选项

5.3　短视频封面与发布

完成短视频的拍摄和短视频效果编辑之后，可以进入"发布"界面，在该界面中可以为短视频设置封面图片和相关信息，并最终发布短视频，这样别人就能够看到你所发布的短视频作品了。

↘ 5.3.1　设置短视频封面

默认情况下，"抖音"App 将使用短视频的第 1 帧画面作为短视频的封面图，但用户可以根据需要更改短视频封面图。例如，将短视频中关键的一帧画面或有趣的画面作为封面图。

在短视频效果设置界面中点击右下角的"下一步"按钮，进入"发布"界面，点击"选封面"按钮，如图 5-117 所示。进入封面选择界面，在视频条上拖曳红色方框，可以选择要作为封面图片的视频帧画面，如图 5-118 所示。

图 5-117 　点击"选封面"按钮　　　　图 5-118 　选择封面图片

在界面底部点击选择一种文字样式，可使封面图片上显示该文字样式效果，如图5-119所示。在封面图片的文字上点击，即可对文字内容进行修改，完成标题文字的添加，而按住拖曳可以调整文字在封面图片上的位置，如图5-120所示。完成短视频封面的制作之后，点击界面右上角的"保存"按钮，返回"发布"界面，可以看到所设置的短视频封面的效果，如图5-121所示。

图5-119 选择一种文字样式　　图5-120 输入文字并调整位置　　图5-121 完成短视频封面设置

5.3.2 使用第三方软件制作短视频封面

除了可以使用短视频中的画面作为短视频封面，还可以使用第三方软件制作短视频封面图片，再将制作好的短视频封面图片上传到"抖音"中使用。

"海报工厂"App是一款专门用于图片设计、美化、拼接与制作的手机应用软件，拥有杂志封面、电影海报、美食菜单、旅行日志等流行海报元素，能够迅速打造视觉大片。打开手机上的"海报工厂"App，点击界面下方的"素材中心"按钮，如图5-122所示。进入"素材中心"界面，该界面为用户提供了多种不同类型的模板，如图5-123所示。点击"环游记"分类，进入该类别的模板列表，点击下载一款需要使用的封面模板，如图5-124所示。

图5-122 点击"素材中心"按钮　　图5-123 "素材中心"界面　　图5-124 点击下载模板

进入该封面模板的预览界面，可以看到模板的大图效果，如图5-125所示。点击界面底部的"使用"按钮，进入素材选择界面，提示需要选择两张照片，在手机相册中选择需要使用的素材图片，如图5-126所示。点击"开始制作"按钮，程序自动将所选择的两张照片放置到模板中图片的位置，效果如图5-127所示。

图 5-125　预览模板效果

图 5-126　选择素材图片

图 5-127　封面效果

　　点击"制作海报"界面左右两侧的箭头图标，可以在同类别的多个海报模板之间进行切换，找到自己喜欢的海报模板，如图 5-128 所示。点击界面右上角的"保存 / 分享"文字，可以保存所制作的海报图片到手机相册中，如图 5-129 所示。

　　这样就完成了精美的短视频封面图片的制作。如果需要使用所制作的图片作为短视频的封面图片，则需要将制作好的封面图片添加到短视频中。

图 5-128　切换海报模板

图 5-129　保存海报图片

↘ 5.3.3　发布短视频

　　完成了短视频封面图片的制作之后，可以在"抖音"App 中将制作好的封面图片添加到短视频中，并最终发布短视频。

　　进入"抖音"App 的短视频拍摄界面，点击界面右下角的"相册"图标，选择制作好的短视频封面图片和编辑处理好的短视频素材，如图 5-130 所示。点击"下一步"按钮，进入短视频预览界面，切换到普通模式，如图 5-131 所示。点击界面底部的图片素材，进入该素材的编辑界面，调整其时长为 0.5 秒，如图 5-132 所示。

　　点击界面右下角的"√"图标，返回短视频预览界面，点击界面右上角的"下一步"按钮，进入短视频编辑界面，如图 5-133 所示。点击"下一步"按钮，进入"发布"界面，默认使用短视频的第 1 帧画面作为短视频封面图片，如图 5-134 所示。

　　可以在"发布"界面中为短视频设置话题，这样可以让更多的人看到，也可以点击"抖音"App 根据所制作的短视频内容自动推荐的话题，如图 5-135 所示。

图5-130　选择素材

图5-131　切换到普通模式

图5-132　调整图片素材时长

图5-133　短视频编辑界面

图5-134　"发布"界面

图5-135　添加话题

　　点击"你在哪里"选项，可以在弹出的定位地址列表中选择相应的定位地点，也可以在该选项下方推荐的定位信息中点击设置定位信息，如图5-136所示。通过设置定位信息，可以使定位附近的人更容易看到你所发布的短视频。

　　点击"谁可以看"选项，可以在弹出的列表中选择将短视频发布为公开还是私密等形式，默认为公开形式，如图5-137所示。

　　点击"发布"按钮，即可将制作好的短视频发布到"抖音"短视频平台中，并自动播放所发布的短视频，如图5-138所示。点击"草稿"按钮，可以将制作好的短视频保存到"草稿箱"中。

图5-136　设置定位信息

图5-137　选择短视频是否公开

图5-138　成功发布短视频

↘ 5.3.4　制作音乐卡点视频

音乐卡点视频是短视频平台中常见和热门的一种短视频形式，短视频画面的转换与音乐中的关键节奏点相契合，使短视频具有"音画合一"的效果。

实战	制作音乐卡点视频 最终效果：资源＼第 5 章＼5-3-4.mp4。 视频：视频＼第 5 章＼制作音乐卡点视频 .mp4。

01. 打开"抖音"App，点击界面右上角的"搜索"图标，搜索"卡点音乐"，在搜索结果中点击进行浏览，找到自己喜欢的卡点音乐短视频，如图 5-139 所示。点击界面右下角的"音乐"图标，显示使用该卡点音乐的短视频，如图 5-140 所示。

图 5-139　找到需要的卡点音乐　　　图 5-140　显示使用该卡点音乐的短视频

02. 点击界面底部的"拍同款"按钮，进入短视频拍摄界面并自动应用所选择的短视频中的同款卡点音乐，如图 5-141 所示。点击界面右下角的"相册"图标，进入相册素材选择界面，选择需要导入的多个素材，这里选择的是 1 个视频和 7 张照片素材，如图 5-142 所示。

所选择的
卡点音乐

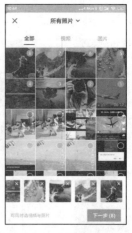

图 5-141　短视频拍摄界面　　　图 5-142　选择需要的素材

小贴士

点击"拍同款"按钮，进入短视频拍摄界面中时，系统会根据所选择音乐的时长提示用户最多可以拍摄多长时间的短视频。我们在这里需要通过导入素材来制作短视频，导入素材之后就需要对各段素材的时长进行编辑调整，以保证总时长与所选择的音乐时长保持一致。

03. 点击"下一步"按钮，进入短视频预览界面，默认为"音乐卡点"模式，如图5-143所示，但此时的音乐卡点效果并不是正确的效果。点击"普通模式"文字，切换到普通模式编辑状态，如图5-144所示。

图5-143 短视频预览界面

图5-144 普通模式编辑状态

04. 在界面底部点击选择第1段视频素材，进入第1段视频素材编辑界面，拖曳素材左右两侧的红色竖线调整其持续时长，这里将第1段视频素材调整为8.3秒，如图5-145所示。点击界面右下角的"√"图标，完成第1段视频素材的编辑。点击第2段图片素材，进入第2段图片素材编辑界面，调整该图片素材的持续时间为0.5秒，如图5-146所示。

图5-145 调整视频素材持续时长

图5-146 调整图片素材持续时长1

05. 点击界面右下角的"√"图标，完成第2段图片素材的编辑。使用相同的操作方法，将其他图片素材的持续时长都调整为0.5秒，如图5-147所示。点击界面右上角的"下一步"按钮，进入短视频编辑界面，可以预览音乐卡点短视频的效果，如图5-148所示。

小贴士

在"音乐卡点"模式中，系统会根据所选择的音乐自动调整每个素材持续时长，从而满足整个音乐的时长，但每个素材的时长无法进行手动调整；在普通模式中可以分别对每个素材的时长进行调整，但是在普通模式中无法听到卡点音乐，所以在调整过程中可以随时点击"下一步"按钮，进入短视频编辑界面中进行预览，再点击左上角的"返回"箭头图标，返回普通模式中对素材时长进行编辑修改。

06. 点击短视频编辑界面上方的音乐名称，在界面下方点击"音量"文字，切换到音量设置中，设置"原声"为 0，如图 5-149 所示。点击界面右侧的"贴纸"图标（见图 5-148），显示贴纸选项，点击需要使用的贴纸，如图 5-150 所示。

图 5-147　调整图片素材
持续时长 2

图 5-148　预览音乐卡
点短视频效果

图 5-149　设置"原声"为 0

图 5-150　点击添加
相应的贴纸

07. 点击刚添加的贴纸，在弹出的菜单中点击"设置时长"选项，如图 5-151 所示。进入贴纸时长设置界面后，将贴纸的时长设置为与第 1 段视频素材相同的时长，如图 5-152 所示。点击界面右下角的"√"图标，返回短视频编辑界面。

08. 点击界面右侧的"特效"图标，显示特效选项，点击"转场"类别中的"模糊变清晰"特效，在短视频开始位置应用该特效，如图 5-153 所示。切换到"动感"类别中，拖曳白色竖线至第 1 段素材与第 2 段素材衔接的位置，按住"摇摆"特效选项，为素材过渡部分应用该特效，如图 5-154 所示。

图 5-151　点击"设置
时长"选项

图 5-152　调整贴纸的
持续时长

图 5-153　应用特效 1

图 5-154　应用特效 2

09. 使用相同的制作方法，为每个素材过渡部分应用"摇摆"特效，如图5-155所示。点击界面右上角的"保存"文字，保存特效设置，返回短视频编辑界面。点击界面右侧的"画质增强"图标，增强短视频的画质显示效果，如图5-156所示。

10. 完成短视频效果设置之后，点击界面右下角的"下一步"按钮，切换到"发布"界面，点击"选封面"按钮，如图5-157所示。进入短视频封面设置界面，在视频条上拖曳红色方框，选择某一帧视频画面作为短视频封面图片，如图5-158所示。

图 5-155 应用特效 3

图 5-156 开启"画质增强"功能

图 5-157 点击"选封面"按钮

图 5-158 选择封面图片

11. 点击界面右上角的"保存"按钮，返回"发布"界面。完成短视频封面设置后，还可以在该界面中设置短视频的话题、位置等信息，如图5-159所示。点击"发布"按钮，将制作好的短视频发布到"抖音"短视频平台中，自动播放所发布的短视频，如图5-160所示。

图 5-159 "发布"界面

图 5-160 成功发布短视频

5.4 本章小结

本章详细介绍了使用"抖音"App拍摄、编辑和发布短视频的完整流程与操作方法。完成本章内容的学习后，读者能够掌握使用"抖音"App拍摄与处理短视频的方法。

CHAPTER

第6章

使用"剪映"App剪辑与制作短视频

　　艺术来源于生活，人民群众的社会生活、劳动智慧、精神风貌是艺术创作的基本素材、灵感来源和价值导向。对拍摄的视频片段进行剪辑处理是短视频后期制作过程中非常重要的环节。在短视频剪辑处理过程中，创作者可以进行视频片段的剪接，可以为短视频添加音乐、字幕、特效等，以使短视频具有艺术性和观赏性。

　　短视频剪辑软件众多，本章将向读者介绍手机中常用的短视频剪辑软件"剪映"App。它是"抖音"官方的全免费短视频剪辑软件，为用户提供了强大且方便的短视频后期剪辑处理功能，并且能够直接将剪辑处理后的短视频分享到"抖音"和"西瓜"短视频平台。

6.1 初识"剪映"App

"剪映"是"抖音"推出的官方短视频剪辑 App，可用于手机短视频的剪辑制作和发布。它带有全面的短视频剪辑功能，支持变速，拥有多种滤镜效果及丰富的曲库资源。"剪映" App 有 iOS 版和 Android 版。图 6-1 所示为"剪映" App 图标。

↘6.1.1　认识工作界面

图 6-1　"剪映"App 图标

"剪映" App 可从手机应用市场中搜索并下载安装。打开"剪映" App 后，进入"剪映"默认的工作界面。工作界面由 3 个部分构成，分别是创作区域、草稿区域和功能菜单区域，如图 6-2 所示。

1.创作区域

点击创作区域中的"开始创作"按钮，即可在弹出的界面中选择需要编辑的视频或照片进行短视频创作。

点击创作区域中的"拍摄"按钮，可以进入"剪映" App 的视频拍摄界面，如图 6-3 所示。

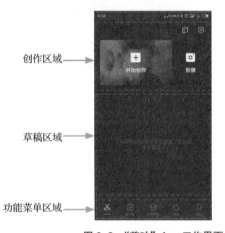
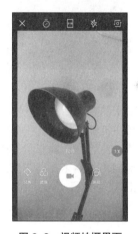

图 6-2　"剪映"App 工作界面　　　图 6-3　视频拍摄界面

点击创作区域右上角的"功能引导"图标，切换到"功能引导"界面，该界面对"剪映"App中主要的视频剪辑功能进行了简单的介绍和操作说明，如图 6-4 所示，方便新用户了解和使用。

图 6-4　"功能引导"界面

点击创作区域右上角的"设置"图标，切换到"设置"界面，在该界面中可以设置是否需要自动添加片尾，如图6-5所示。

2. 草稿区域

"剪映"App工作界面的中间部分为草稿区域，该部分包含"剪辑草稿""模板草稿"和"云备份"3个选项区，如图6-6所示。在"剪映"App中所有未完成的视频剪辑都会显示在"剪辑草稿"选项区中。需要注意的是，已经剪辑完成的视频在保存到手机的时候，同时也保存到了"剪辑草稿"选项区中。

图6-5 "设置"界面　　　　图6-6 草稿区域

3. 功能菜单区域

"剪映"App工作界面的底部为功能菜单区域，该部分包含了"剪映"App的主要功能。

"剪辑"界面是"剪映"App的起始工作界面。

"剪同款"界面为用户提供了多种不同风格的短视频模板，如图6-7所示，方便新用户快速上手，制作出精美的同款短视频。

"创作学院"界面为用户提供了有关短视频创作的相关在线教程，如图6-8所示，供用户进行学习。

"消息"界面显示用户所收到的各种消息，包括官方的系统消息、他人发表的短视频评论、留言与点赞情况等，如图6-9所示。

"我的"界面是个人信息界面，显示用户个人信息以及喜欢的短视频模板等内容，如图6-10所示。

图6-7 "剪同款"界面　　图6-8 "创作学院"界面　　图6-9 "消息"界面　　图6-10 "我的"界面

↘6.1.2 认识视频剪辑界面

在"剪映"App工作界面的创作区域中点击"开始创作"按钮,在弹出的界面中将显示当前手机中的视频和照片,选择需要剪辑的视频,如图6-11所示。点击"添加"按钮,即可进入视频剪辑界面。该界面主要分为预览区域、时间轴区域和工具栏区域3个部分,如图6-12所示。

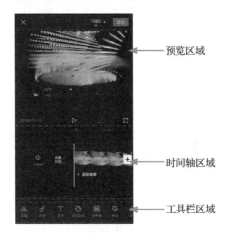

可以选择手机中的视频或照片

预览区域

时间轴区域

工具栏区域

图6-11 选择需要剪辑的视频　　图6-12 进入视频剪辑界面

预览区域的底部为用户提供了相关的视频播放图标,如图6-13所示。点击"播放"图标,可以在当前界面中预览视频;如果在该界面中对视频的编辑操作出现失误,可以点击"撤销"图标;如果希望恢复上一步所做的视频编辑操作,可以点击"恢复"图标;点击"全屏"图标,可以切换到全屏模式预览当前视频。

在时间轴区域,如图6-14所示,上方显示的是视频的时间刻度;白色竖线为时间指示器,指示当前的视频位置,可以在时间轴上任意滑动视频;点击时间轴左侧的"喇叭"图标,可以开启或关闭视频中的原声。

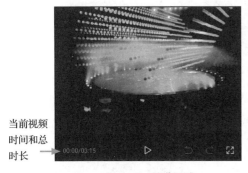

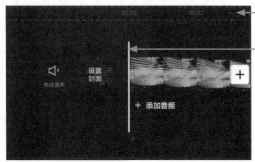

视频时间刻度

时间指示器

当前视频时间和总时长

图6-13 预览区域　　　　　图6-14 时间轴区域

在时间轴区域进行双指捏合操作,可以缩小轨道时间轴大小,方便进行视频的粗放剪辑,如图6-15所示;在时间轴区域进行双指分开操作,可以放大轨道时间轴大小,方便进行视频的精细剪辑,如图6-16所示。

 小贴士

在视频轨道的下方可以增加音频轨道、文本轨道、贴纸轨道和特效轨道,音频、文本和贴纸轨道可能有多条,而特效轨道只能有一条。

如果还希望添加其他的素材，可以点击时间轴右侧的"＋"图标，在弹出的界面中选择需要添加的视频或图片素材。

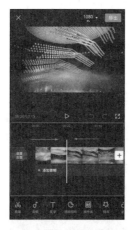 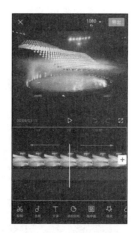

图6-15　缩小轨道时间轴大小　　　图6-16　放大轨道时间轴大小

在视频剪辑界面底部的工具栏区域中点击相应的图标，即可显示该工具的二级工具栏，如图6-17所示。通过二级工具栏中的工具，可以实现短视频中相应内容的添加。

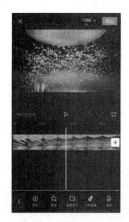

图6-17　二级工具栏

完成短视频的剪辑处理之后，在界面右上角点击"分辨率"选项，可以在弹出的界面中设置所需要发布短视频的"分辨率"和"帧率"，如图6-18所示。

"剪映"App为用户提供了3种短视频分辨率，480p的短视频分辨率为720px×480px，720p的短视频分辨率为1280px×720px，1080p的短视频分辨率为1920px×1080px，当前我国的短视频平台支持的主流分辨率为1080p，所以尽量将短视频分辨率设置为1080p。

"帧率"选项用于设置短视频的帧频率，即每秒播放多少帧画面。"剪映"App为用户提供了5种帧频率可供选择，通常选择默认的30即可，表示每秒播放30帧画面。

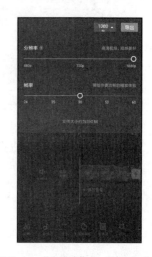

图6-18　"分辨率"和"帧率"选项

↘6.1.3 草稿管理

前面介绍过"剪映"App工作界面的草稿区域中包含"剪辑草稿""模板草稿"和"云备份"3个选项区。"剪辑草稿"选项区中所显示的草稿内容来自点击"开始创作"图标后,一步一步进行剪辑处理的视频。在"剪同款"界面中选择一个短视频模板,替换该模板中的素材,即可将该短视频模板保存到"模板草稿"选项区中,便于以后快速找到通过模板制作的短视频,如图6-19所示。

在"云备份"选项区中存放的是用户上传到云备份空间的视频剪辑草稿,这样就可以将存储在"剪辑草稿"和"模板草稿"中的视频剪辑草稿删除,从而节省手机存储空间;当需要使用某个视频剪辑草稿时,可以从"云备份"中获取。"云备份"为用户默认提供了512MB的免费存储空间,如图6-20所示,如果希望获得更大的存储空间,可以通过参加活动或购买的方式获得。

图6-19 "模板草稿"选项区   图6-20 "云备份"选项区

点击草稿区域右上角的"管理"图标,可以在当前选项区中选择一个或多个需要删除的视频剪辑草稿,点击底部的"删除"图标,即可将选中的视频剪辑草稿删除,如图6-21所示。

点击某一条视频剪辑草稿右侧的"更多"图标,在界面底部弹出的菜单中有"重命名""复制草稿"和"删除"3个选项,如图6-22所示,点击相应的选项,即可对当前所选择的视频剪辑草稿进行相应的操作。

图6-21 删除视频剪辑草稿   图6-22 菜单选项

小贴士

如果发现发布后的视频有问题，还需要进行修改，这时就可以找到视频剪辑草稿，对其进行修改，所以尽量保留视频剪辑草稿，或者将其上传到"云备份"之后再进行删除操作。

6.2 短视频剪辑、制作基础

在开始使用"剪映"App 对短视频进行剪辑、制作之前，首先需要掌握"剪映"App 中各种短视频剪辑操作方法，这样才能做到事半功倍的效果。

↘6.2.1 设置视频背景

在手机短视频开始流行之前，我们大都通过计算机来观看视频，计算机屏幕上的视频显示画面的宽高比例（简称为视频比例）通常是 16:9，如图 6-23 所示。而随着手机短视频的流行，"抖音""快手"之类的短视频平台迅速崛起，手机短视频平台上的视频比例通常是 9:16，如图 6-24 所示。

图 6-23　16:9 的视频分辨率

图 6-24　9:16 的视频分辨率

打开"剪映"App，点击"开始创作"图标，在选择素材界面中选择手机中的 3 张照片，如图 6-25 所示。点击"添加"按钮，进入短视频编辑界面，如图 6-26 所示。

图 6-25　选择素材

图 6-26　进入短视频编辑界面

所选择的 3 张照片中，第 1 张照片的比例为 16∶9，所以所创建的视频剪辑比例为 16∶9

在界面底部点击"比例"图标，显示"比例"的二级工具栏，这里为用户提供了 9 种视频比例，如图 6-27 所示。点击相应的比例选项，即可将当前视频比例修改为所选择的视频比例。

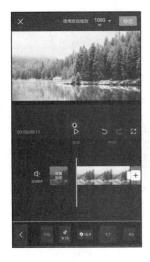

图 6-27　9 种视频比例

💬 **小贴士**

项目的原始视频比例由第一个素材的比例决定，例如所选择的第 1 张图片素材的比例为 16∶9，则所创建的短视频的比例就是 16∶9 的。

选择视频项目的第 1 个素材，在视频预览区域通过双指捏合的方式，将素材缩小，如图 6-28 所示。在界面底部点击"返回"图标，返回主工具栏中，点击"背景"图标，显示"背景"的二级工具栏，这里为用户提供了 3 种背景方式，即"画布颜色""画布样式""画布模糊"，如图 6-29 所示。

点击"画布颜色"选项，在界面底部显示颜色选择器，可以选择一种纯色作为视频的背景，如图 6-30 所示。

点击"画布样式"选项，在界面底部显示了多种不同效果的背景图片，可以选择一张背景图片作为视频的背景，如图 6-31 所示。也可以点击"添加图片"图标，在手机中选择自己喜欢的图片作为背景。

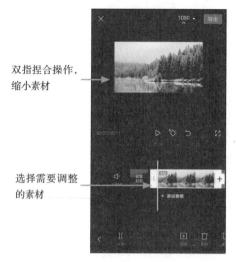

双指捏合操作，
缩小素材

选择需要调整
的素材

图 6-28 双指捏合缩小素材　　　　　　图 6-29 3 种背景方式

　　点击"画布模糊"选项，在界面底部显示 4 种模糊程度供用户选择，点击其中一种模糊程度选项，即可使用该模糊程度对素材进行模糊处理并将该素材作为视频的背景，如图 6-32 所示。

图 6-30 使用纯色背景　　　　图 6-31 使用图片背景　　　　图 6-32 使用模糊背景

　　选择一种背景样式之后，点击界面右下角的"√"图标，即可为当前所选择的素材应用所选择的背景效果。点击"应用到全部"选项，则可以将所选择的背景效果应用到该视频项目中。

↘6.2.2　导入素材

　　在进行短视频制作之前，首先需要导入相应的素材。在"剪映"App 中不仅可以使用手机拍摄的视频和图片素材，其本身还提供了素材库供用户选择。本小节将向大家介绍使用"剪映"App素材库中素材的两种方法。

　　打开"剪映"App，点击"开始创作"图标，在选择素材界面中点击"素材库"选项，切换到"素材库"选项卡中，在该选项卡中内置了丰富的素材可供用户选择，如"黑白场""镂空文字片头""插入动画""绿幕""蒸汽波""时间片段""搞笑片段""大片""新闻""春节"等类型的素材，如图 6-33 所示。

图6-33 多种不同类型的素材

小贴士

"素材库"选项卡中为用户提供的素材都是视频片段，所以素材中的文字内容并不支持修改。

"素材库"选项卡所提供的许多视频素材是我们在短视频中经常能够看到的，例如"故障动画"类型中的"故障画面"，"转场片段"类型中的"时间画面"等，如图6-34所示。

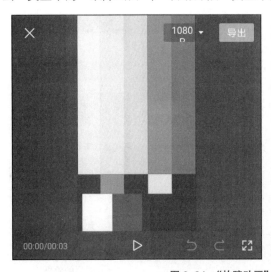

图6-34 "故障动画"和"转场片段"素材

　　导入素材库素材的第 1 种方法：在"素材库"选项卡点击需要使用的素材，可以将该素材下载到手机中，下载完成后点击界面底部的"添加"按钮，如图 6-35 所示。切换到视频剪辑界面，将所选择的视频素材添加到时间轴中，如图 6-36 所示，即可完成素材库中素材的导入操作。

　　导入素材库素材的第 2 种方法：在"剪映"App 的起始工作界面中点击"开始创作"图标，在选择素材界面中选择需要导入的手机中的素材，点击"添加"按钮，如图 6-37 所示。切换到视频剪辑界面，并将所选择的素材添加到时间轴中；可以通过双指分开操作，调整素材的持续时间，如图 6-38 所示。

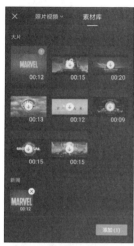

图 6-35　选择需要导入　　　图 6-36　导入的素材显示　　图 6-37　添加素材　　　图 6-38　调整素材持续时间
　　　　　的素材　　　　　　　　　　在时间轴中

　　点击底部工具栏中的"画中画"图标，点击"新增画中画"图标，显示素材选择界面，切换到"素材库"选项卡中，选择黑色背景的素材，点击"添加"按钮，如图 6-39 所示。返回视频剪辑界面中，在预览区域调整素材大小并将其移至合适的位置，如图 6-40 所示。

　　点击底部工具栏中的"混合模式"图标，在底部显示相应的混合模式选项，如图 6-41 所示。点击选择"滤色"选项，为素材应用"滤色"混合模式，在预览区域中可以看到素材的黑色背景被去除，如图 6-42 所示。

图 6-39　选择黑色背景　　　图 6-40　调整素材大小和　　图 6-41　显示混合模式选项　图 6-42　设置"滤色"
　　　　　素材　　　　　　　　　　　位置　　　　　　　　　　　　　　　　　　　　　　　　模式后的效果

↘ 6.2.3 视频剪辑前的准备工作

想剪辑好一个视频，仅仅掌握剪辑的方法是不够的，剪辑前的准备工作也很重要。

1. 选题

尽量选择一些有趣的、能够调动观众情绪的内容。

2. 写脚本

写短视频的脚本有点类似写故事或写作文，尽量让短视频的内容有开头、发展、高潮、转折、结局等环节的内容。简单来说，故事要有头、有尾、有过程，最后还有那么一点点曲折。

3. 设计分镜头

故事中每个场景如何使用镜头进行表现，起码需要在脑海中有一个大概的印象，景别尽量涵盖近景、中景、远景。拍摄同一动作时，组合镜头往往比长镜头看起来更高级。

4. 视频拍摄

完成前面的拍摄准备工作，就可以进行短视频的拍摄了。有了拍摄前的充分准备，就能够有效提高短视频的拍摄效率，不会在视频剪辑时发现漏掉镜头。此外，在视频拍摄过程中尽量保证画面的平稳，尽量使用手持云台或三脚架辅助拍摄。

↘ 6.2.4 剪辑方法

完成了视频的拍摄后就可以对视频进行剪辑操作。剪辑视频通常有两种方法：一种是粗剪，即对视频进行大致的剪辑处理；另一种是精剪，通常是对视频进行逐帧的细致剪辑处理。通常粗剪与精剪相结合，即可完成视频的剪辑处理。

1. 粗剪

对视频素材进行粗剪只需要使用4个基础操作，分别是"拖曳""分割""删除"和"排序"。

打开"剪映"App，点击"开始创作"图标，在选择素材界面中选择需要进行剪辑的视频素材，点击"添加"按钮，如图6-43所示。

（1）"拖曳"操作

进入视频剪辑界面，在时间轴中选中需要剪辑的素材，点击底部工具栏中的"剪辑"图标，当前素材会显示白色的边框，如图6-44所示。拖曳素材白色边框的左侧或右侧，即可对该视频素材进行删除或恢复操作，如图6-45所示。

图6-43 选择视频素材

图6-44 素材显示白色边框

图6-45 对视频进行删除操作

（2）"分割"操作

如果视频素材的中间某一部分不想要，可以将时间指示器移至视频相应的位置，点击底部工具栏中的"剪辑"图标，显示"剪辑"的二级工具栏，点击"分割"图标，即可在时间指示器位置将视频片段分割为两段视频，如图6-46所示。

将时间指示器移至视频合适的位置，再次点击底部工具栏中的"分割"图标，将视频片段分割为3段，如图6-47所示。

（3）"删除"操作

在时间轴中选择不需要的视频片段，点击底部工具栏中的"剪辑"图标，显示"剪辑"的二级工具栏，点击"删除"图标，即可将选择的视频片段删除，如图6-48所示。

图6-46　视频分割操作1　　图6-47　视频分割操作2　　　图6-48　删除不需要的视频片段

（4）"排序"操作

在时间轴中选中并长按素材不放，时间轴中所有素材会变成图6-49所示的小方块，通过拖曳方块的方式可以调整视频片段的顺序，如图6-50所示。通过对时间轴中的素材进行排序操作，我们将素材按照脚本顺序排列，这样就基本完成了视频的粗剪工作。

图6-49　长按素材不放　　　　图6-50　调整视频片段顺序

2. 精剪

在视频剪辑界面的时间轴区域，通过两指分开操作，可以放大轨道时间轴大小，如图6-51所示，进而可以对时间轴中的素材进行精细剪辑。

"剪映"App支持的最高剪辑精度为4帧画面，4帧画面的精度已经能够满足大多数短视频的视频剪辑需求,小于4帧画面的视频片段是无法进行分割操作的,如图6-52所示。等于或大于4帧画面的视频片段才可以进行分割操作。

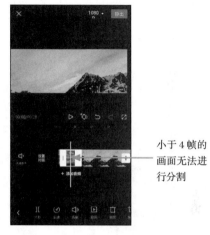

小于4帧的画面无法进行分割

图6-51　放大轨道时间轴大小　　　图6-52　小于4帧画面无法进行视频分割

 小贴士

需要注意的是,在时间轴中选择视频素材,通过拖曳该视频素材首尾的白色边框剪辑视频的操作方法,可以实现逐帧剪辑。

6.2.5　插入音频的方法

本小节将向大家介绍如何在短视频中添加音频素材,此外还将向大家介绍"抖音"短视频平台上很火的卡点视频的制作方法。

1. 添加音乐

将素材添加到时间轴后,点击底部工具栏中的"音频"图标,显示"音频"的二级工具栏,如图6-53所示。点击二级工具栏中的"音乐"图标,显示音乐库界面,该界面提供了丰富的音乐类型可供用户选择,如图6-54所示。

音乐库界面的下方还为用户推荐了一些音乐,用户只需要点击相应的音乐名称,即可试听该音乐效果,如图6-55所示。

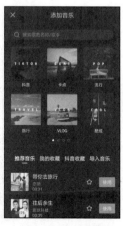

图6-53　显示"音频"二级工具栏　　　图6-54　音乐库界面　　　图6-55　点击音乐名称试听

对于喜欢的音乐，用户只需要点击该音乐右侧的"收藏"图标，即可将该音乐加入"我的收藏"选项卡中，便于下次能够快速找到该音乐，如图 6-56 所示。

"抖音收藏"选项卡中显示的是同步用户"抖音"音乐库中所收藏的音乐，如图 6-57 所示。

"导入音乐"选项卡中包含 3 种导入音乐的方式，即"链接下载""提取音乐"和"本地音乐"。

点击"链接下载"图标，在文本框中粘贴"抖音"或其他平台的音频 / 音乐链接，如图 6-58 所示。

图 6-56　"我的收藏"选项卡　　　图 6-57　"抖音收藏"选项卡　　　图 6-58　"链接下载"音乐方式

 小贴士

使用外部音乐需要注意音乐的版权保护，尽量使用一些无版权的音乐。

点击"提取音乐"图标，点击"去提取视频中的音乐"按钮，如图 6-59 所示，可以在显示的界面中选择手机存储的视频，点击界面底部的"仅导入视频的声音"按钮，如图 6-60 所示，即可将选中的视频中的音乐提取出来。

点击"本地音乐"图标，在界面中会显示当前手机存储的本地音乐文件，如图 6-61 所示。

 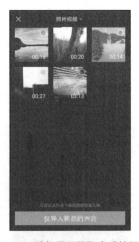 

图 6-59　"提取音乐"方式　　　图 6-60　选择需要提取音乐的视频　　　图 6-61　本地音乐文件

2. 添加音效

为短视频选择合适的音效能够有效提高视频的效果。在视频剪辑界面中点击界面底部工具栏中的"音效"图标，在界面底部会弹出音效选择列表，"剪映"App 中内置了种类繁多的各种音效，如图6-62所示。音效的添加方法与添加音乐的方法基本相同，点击需要使用的音效名称，系统会自动下载并播放该音效，点击音效右侧的"使用"按钮，如图6-63所示，即可使用所下载的音效。音效会自动添加到当前所编辑的视频素材的下方，如图6-64所示。

图6-62　种类繁多的内置音效

图6-63　下载并使用音效

图6-64　音效被添加到时间轴

小贴士

在视频剪辑界面底部的主工具栏中还包含"抖音收藏"和"提取音乐"图标，这两种获取音乐的方式与之前介绍的音乐库界面中的"抖音收藏"选项卡及"导入音乐"选项卡中的"提取音乐"选项的获取音乐方式是完全相同的。

3. 录音

点击界面底部工具栏中的"录音"图标，在界面底部显示"录音"图标，如图6-65所示。按住红色的"录音"图标不放，即可进行录音操作，如图6-66所示。松开手指完成录音操作，点击右下角的"√"图标，录音会直接添加到所编辑视频素材的下方，如图6-67所示。

图6-65　显示"录音"图标

图6-66　进行录音操作

图6-67　录音被添加到时间轴

↘ 6.2.6 音频剪辑操作

微课视频

扫一扫

在视频剪辑界面中为视频素材添加音频之后，同样可以对所添加的音频进行剪辑操作。

在时间轴中点击选择需要剪辑的音频，在界面底部工具栏中会显示针对音频编辑的工具图标，如图6-68所示。

点击底部工具栏中的"音量"图标，在界面底部显示音量设置选项，默认音量为100%，最高支持两倍音量，如图6-69所示。

点击底部工具栏中的"淡化"图标，在界面底部显示音频淡化设置选项，即"淡入时长"和"淡出时长"两个选项，如图6-70所示。淡化是音频编辑中常用的一个功能，通常为音频进行淡入和淡出设置，使音频开始和结束不会很突兀。

图 6-68　显示音频编辑工具图标

图 6-69　显示音量设置选项

图 6-70　显示音频淡化设置选项

 小贴士

当我们在一段音乐中截取一部分作为视频的音频素材时，截取部分的开始很突然，结尾戛然而止，这样的音频素材就可以通过"淡化"选项的设置，使音频实现淡入淡出的效果。

点击底部工具栏中的"分割"图标，可以在当前位置将所选择的音频分割为两个部分，如图6-71所示。

点击底部工具栏中的"踩点"图标，在界面底部显示踩点的相关设置选项，如图6-72所示，点击"添加点"按钮，可以在相应的音乐位置添加点。

点击底部工具栏中的"复制"图标，可以对当前选中的音频素材进行复制操作。

点击底部工具栏中的"变速"图标，在界面底部显示音频变速设置选项，如图6-73所示，可以加快或放慢音频的速度。

点击底部工具栏中的"删除"图标，可以将选中的音频素材删除。

图 6-71　分割音频

图 6-72　音频踩点设置选项　　　图 6-73　音频变速设置选项

实战

制作简单的图片踩点视频

最终效果：资源 \ 第 6 章 \6-2-6.mp4。

视频：视频 \ 第 6 章 \ 制作简单的图片踩点视频 .mp4。

---

01. 在"剪映"App 的起始工作界面点击"开始创作"图标，在选择素材界面中选择多张照片素材，点击"添加"按钮，如图 6-74 所示。进入视频剪辑界面，点击底部工具栏中的"音频"图标，显示"音频"二级工具，点击"音乐"图标，如图 6-75 所示。

02. 显示"添加音乐"界面，在该界面中选择合适的音乐，如图 6-76 所示。例如这里可以点击"旅行"，进入"旅行"音乐列表，通过试听的方式找到适合的卡点音乐，点击"使用"按钮，如图 6-77 所示。

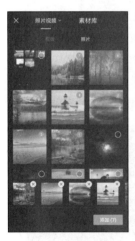

图 6-74　选择多张　　图 6-75　点击"音乐"图标　图 6-76　"添加音乐"界面　图 6-77　选择合适的音乐
　　　照片素材

03. 返回剪辑界面，将所选择的音乐添加到时间轴中，如图 6-78 所示。点击选择时间轴中的音乐，点击底部工具栏中的"踩点"图标，显示相应的"踩点"选项，用户可以通过点击"添加点"按钮，为音乐进行手动添加踩点标记，效果如图 6-79 所示。

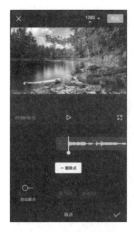

图 6-78　将音乐添加到时间轴　　　　　　图 6-79　手动添加踩点标记

04. 也可以使用自动踩点功能。将手动添加的踩点删除，打开"自动踩点"功能，分别试听"踩节拍 I"和"踩节拍 II"，选择一种适合的踩节拍选项，这里选择"踩节拍 I"，如图 6-80 所示。点击右下角的"√"图标，完成音频的踩点标记。返回剪辑界面中，在音频下方可以看到自动添加的踩点标记（黄色实心圆点），如图 6-81 所示。

图 6-80　分别试听两种自动踩点方式　　　　　　图 6-81　完成音乐踩点标记

05. 在时间轴中选择素材，调整素材的时间长度与踩点标记相一致，如图 6-82 所示。选择时间轴中的音频，通过向左拖曳其右侧边框，从而调整其长度与视频的长度相一致，如图 6-83 所示。

图 6-82　分别调整各素材的时长与踩点标记一致　　　　　　图 6-83　调整音频时长

06. 点击预览区域中的"播放"图标，可以预览图片踩点效果，图片会在音乐节奏的关键点位置进行切换，这样就完成了简单的图片踩点视频的制作。

6.3　短视频制作方法

"剪映"App 不仅为用户提供了基础的视频剪辑和声音剪辑功能，还提供了短视频制作常用的各种特效和功能，例如变速、画中画、文本和贴纸、滤镜、特效、调节、裁剪等。通过这些特效和功能，可以创作出各种短视频效果。

↘ 6.3.1　制作变速效果

打开"剪映"App，点击"开始创作"图标，在选择素材界面中选择相应的视频素材，点击"添加"按钮，如图 6-84 所示。切换到视频剪辑界面，选择时间轴中的视频素材，点击底部工具栏中的"变速"图标，显示"变速"的二级工具栏，如图 6-85 所示。

图 6-84　选择视频素材

图 6-85　显示"变速"二级工具栏

"剪映"App 为用户提供了两种变速方式，分别是"常规变速"和"曲线变速"。

1. 常规变速

常规变速和其他视频剪辑 App 中的变速处理相似，可以更改视频素材整体的倍速。

点击底部工具栏中的"常规变速"图标，在界面底部显示常规变速设置选项，如图 6-86 所示，"剪映"App 支持最低 0.1 倍速、最高 100 倍速。点击"声音变调"，可以在调整视频倍速的情况下，同步对视频中的声音进行变调处理。

2. 曲线变速

点击底部工具栏中的"曲线变速"图标，在界面底部显示曲线变速设置选项，如图 6-87 所示，"剪映"App 内置了"蒙太奇""英雄时刻""子弹时间""跳接""闪进"和"闪出"6 种曲线变速方式。

点击 6 种曲线变速方式中的任意一种，即可为视频素材应用该种曲线变速效果。例如点击"蒙太奇"图标，在预览区域中可查看视频应用"蒙太奇"变速方式后的效果，如图 6-88 所示。如果对变速效果不太满意，也可以点击"点击编辑"图标，在界面底部会显示"蒙太奇"变速方式的运动速度曲线，如图 6-89 所示。

图 6-86　常规变速设置选项　　　　　　　图 6-87　曲线变速设置选项

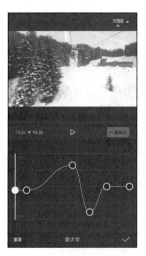

图 6-88　预览"蒙太奇"变速方式　　　　图 6-89　显示运动速度曲线

　小贴士

　　上升曲线表示视频播放持续加速，下降曲线表示视频播放持续减速。这种持续的曲线变速方式又被称为坡度变速，是视频剪辑过程中的一种专业操作。许多出色的短视频中都会运用这一技巧，视频的忽快忽慢可以增加视频的仪式感。

　　点击并拖曳速度曲线上的控制点，可以移动其位置，如图 6-90 所示。也可以点击"添加点"按钮，在速度曲线的空白位置添加速度曲线控制点，如图 6-91 所示。同样，点击选中相应的控制点，点击"删除点"按钮，可以将选中的控制点删除。点击"重置"选项，可以恢复默认的速度曲线设置，如图 6-92 所示。

　小贴士

　　假如我们想要给视频中某一个物体特写，可以移动最低速控制点直到预览画面中该物体出现在画面中央。

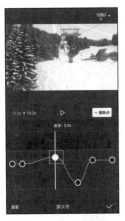
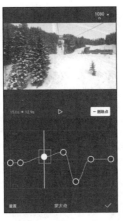
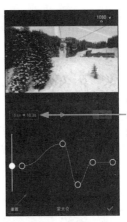

表示素材的原持续时间和曲线变速后的持续时间

图6-90 移动控制点　　图6-91 添加控制点　　图6-92 重置速度曲线

如果点击"自定"图标，再次点击"点击编辑"图标，即可进入视频速度曲线的自定义编辑模式，用户可以通过拖曳、添加控制点的方式，对视频的运动速度进行编辑设置。

↘6.3.2 制作画中画效果

画中画是一种视频内容呈现方式。它是指在一个视频全屏播放的同时，于画面的小面积区域上同时播放另一个视频。

打开"剪映"App，点击"开始创作"图标，在选择素材界面中选择相应的视频素材，点击"添加"按钮，如图6-93所示。切换到视频剪辑界面，点击底部工具栏中的"画中画"图标，显示"画中画"的二级工具栏，如图6-94所示。

点击底部工具栏中的"新增画中画"图标，在选择素材界面中选择另一个素材，点击"添加"按钮，如图6-95所示。切换到视频剪辑界面，就可以在主轨道的下方添加所选择的视频或图片素材，如图6-96所示。

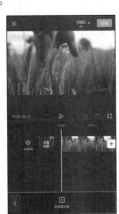

图6-93 选择视频素材　图6-94 "画中画"二级工具栏　图6-95 选择另一个素材　图6-96 在主轨道下方添加素材

在预览区域中使用手指进行捏合中分开操作，可以对刚添加的画中画素材进行缩放操作，如图6-97所示。在预览区域中使用手指按住素材，可以对其进行移动操作，如图6-98所示。

 小贴士

在"剪映"App中最多支持6个画中画，也就是1个主轨道和6个画中画轨道，总共可以同时播放7个视频。

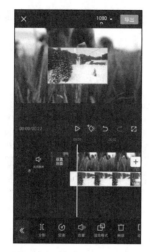
图 6-97 对素材进行缩放操作

图 6-98 对素材进行移动操作

点击底部工具栏中的"画中画"图标，再点击"新增画中画"图标，在选择素材界面中选择第 3 个素材，点击"添加"按钮，如图 6-99 所示。切换到视频剪辑界面，可以在主轨道的下方添加第 3 个画中画素材，如图 6-100 所示。在预览区域中调整刚添加的画中画素材到合适的大小和位置，如图 6-101 所示。

图 6-99 选择第 3 个素材

图 6-100 添加第 3 个画中画素材

图 6-101 调整素材大小和位置

 小贴士

当视频剪辑中包含多个画中画素材时，后添加的画中画素材的层级较高，在重叠区域层级高的素材会覆盖层级低的素材。

在时间轴中选择任意一个画中画素材，点击底部工具栏中的"层级"图标，如图 6-102 所示。在弹出的选区中可以修改所选择画中画素材的层级，如图 6-103 所示。修改画中画素材的层级后，在预览区域中可以看到素材层级的变化，而时间轴区域中画中画素材的位置无变化，如图 6-104 所示。

在时间轴中选择相应的画中画素材，点击底部工具栏中的"切主轨"图标（见图 6-105），可以将所选择的画中画素材移至主轨，如图 6-106 所示。

同样，也可以将主轨中的素材移至画中画轨道中。选择主轨中需要移至画中画轨道的素材，点击底部工具栏中的"切画中画"图标，即可将所选择的主轨素材移至画中画轨道中，如图6-107所示。

图 6-102 点击"层级"图标　　　图 6-103 修改层级　　　图 6-104 修改层级后的效果

 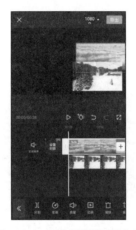

图 6-105 点击"切主轨"图标　　图 6-106 画中画素材移至主轨　　图 6-107 主轨素材移至画中画轨道

 小贴士

如果需要将主轨中的素材切到画中画轨道中，那么主轨中必须包含至少两段素材，否则无法将素材切到画中画轨道中。

实战 **通过画中画为视频添加光斑效果**

最终效果：资源 \ 第 6 章 \6-3-2.mp4。

视频：视频 \ 第 6 章 \ 通过画中画为视频添加光斑效果 .mp4。

01. 打开"剪映"App，点击"开始创作"图标，在选择素材界面中选择相应的视频素材，点击"添加"按钮，如图6-108所示。切换到视频剪辑界面，点击底部工具栏中的"画中画"图标，再点击"新增画中画"图标，在选择素材界面中选择素材库中相应的素材，点击"添加"按钮，如图6-109所示。

02. 将所选择的素材添加到主轨下方，在预览区域调整画中画素材时长与主轨中的素材时长相同，如图 6-110 所示。选择时间轴区域中的画中画素材，点击底部工具栏中的"混合模式"图标，在弹出的混合模式选项中选择"滤色"选项，如图 6-111 所示。

  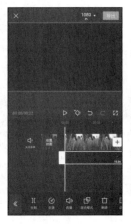 

图 6-108　选择并添加　图 6-109　选择画中画素材　图 6-110　调整画中画　图 6-111　选择"滤色"选项
　　　　视频素材　　　　　　　　　　　　　　　　　素材时长

03. 在预览区域中点击"播放"图标，预览视频效果，可以看到通过画中画为视频添加的光斑效果，如图 6-112 所示。

图 6-112　预览视频效果

↘ 6.3.3　添加文本和贴纸

打开"剪映"App，点击"开始创作"图标，在选择素材界面中选择相应的视频素材，点击"添加"按钮，如图 6-113 所示。点击底部工具栏中的"文字"图标，显示"文字"二级工具栏，如图 6-114 所示。

图 6-113　选择视频素材　　　图 6-114　"文字"二级工具栏

1．新建文本

点击底部工具栏中的"新建文本"图标，即可在视频素材上显示默认文本框，输入需要添加的文本内容，如图6-115所示。确认文字的输入后，在界面下方可以通过多个选项卡对文本效果进行设置。

在"样式"选项卡中可以设置文字的样式效果，可以选择字体、文字样式、文字颜色等，如图6-116所示。

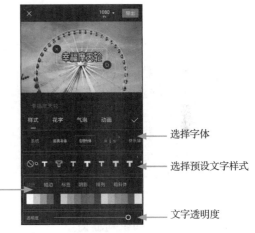

选择字体

选择预设文字样式

设置文字的填充、描边、标签和阴影颜色，还可以设置文字排列和粗斜体

文字透明度

图6-115　输入文字　　　　　　　图6-116　设置文字的样式效果

在预览区域中可看到文字边框中左上角和右下角的图标，点击左上角的"删除"图标，可以将文字删除，按住右下角的"缩放"图标并拖曳可以进行文字缩放，如图6-117所示。

"花字"选项卡中为用户提供了多种预设的综艺花字效果，点击相应的花字预览即可为文字应用该种花字效果，如图6-118所示。

"气泡"选项卡中为用户提供了多种预设的气泡文字效果，点击相应的气泡预览即可为文字应用该种气泡效果，如图6-119所示。

删除

缩放

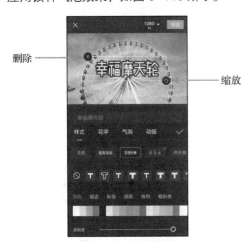

图6-117　文字缩放操作　　　图6-118　应用花字效果　　图6-119　应用气泡效果

"动画"选项卡中为用户提供了不同类型的文字动画效果，包括"入场动画""出场动画"和"循环动画"，点击相应的动画预览即可为文字应用该种动画效果。在动画预览的下方会出现滑块，拖曳滑块可以调整文字动画的持续时间，如图6-120所示。

点击"√"图标，完成文字的添加和效果设置，在时间轴中自动添加文字轨道，点击底部工具栏中的"文本朗读"图标，如图 6-121 所示。在弹出的选项中选择一种音色，点击"√"图标，如图 6-122 所示。在预览区域点击"播放"图标，可以自动对添加的文字进行朗读。

图 6-120　调整动画时长

图 6-121　点击"文本朗读"图标

图 6-122　选择一种朗读音色

2. 识别字幕和识别歌词

"识别字幕"功能主要用于识别视频或声音素材中的人物说话声音，"识别歌词"功能主要用于识别视频或声音素材中的人物唱歌声音，从本质上来说，这两个功能属于同一种功能。

点击底部工具栏中的"音频"图标，再点击"音乐"图标，如图 6-123 所示。显示"添加音乐"界面，在该界面中选择一首中文歌曲，如图 6-124 所示。点击"使用"按钮，将所选择的音乐添加到时间轴中，如图 6-125 所示。

图 6-123　点击"音乐"图标

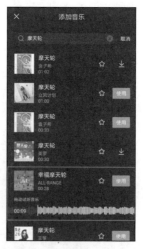
图 6-124　选择合适的中文歌曲

图 6-125　将音乐添加到时间轴

点击"返回"图标，返回主工具栏中，点击"文字"图标，再点击"识别歌词"图标，在弹出的对话框中点击"开始识别"按钮，如图 6-126 所示。

因为是在线识别，所以需要一点时间。识别成功后，系统会自动在时间轴中添加歌词文字轨道，如图 6-127 所示。在预览区域点击"播放"按钮，预览视频，会看到自动添加的歌词字幕效果，如图 6-128 所示。

图 6-126 点击"开始识别"按钮

图 6-127 自动添加歌词轨道

图 6-128 预览歌词字幕效果

在时间轴中选择识别得到的歌词，在预览区域中可以拖曳调整歌词位置，并且可以通过文字框4个角的图标对文字进行相应的操作，如图 6-129 所示。

点击底部工具栏中的"动画"图标，可以为歌词文字选择一种预设的动画效果，例如这里选择"卡拉OK"效果，如图 6-130 所示。点击"√"图标，完成动画的添加。在预览区域点击"播放"图标，可以看到为歌词文字添加的动画效果，如图 6-131 所示。

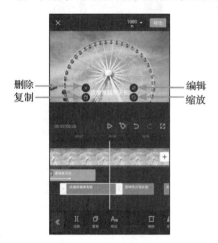

图 6-129 文字操作图标

图 6-130 应用动画效果

图 6-131 预览歌词文字动画

小贴士

除了可以为识别得到的歌词文字应用动画效果，还可以对文字的样式、花字、气泡效果进行设置。需要注意的是，为歌词文字应用动画效果时，需要为每段歌词文字分别应用。

3. 添加贴纸

点击底部工具栏中的"添加贴纸"图标，在界面底部显示各种风格的内置贴纸供用户选择，如图 6-132 所示。点击一种贴纸，即可将点击的贴纸添加到视频中，如图 6-133 所示。

点击"√"图标，在时间轴中自动添加贴纸轨道，可以在预览区域中调整贴纸到合适的大小和位置，如图 6-134 所示。

图 6-132　显示贴纸选项

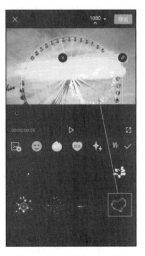
图 6-133　选择一种贴纸

图 6-134　调整贴纸大小和位置

选择所添加的贴纸，在底部工具栏中可以看到相关的操作图标，如图 6-135 所示，利用它们可以对贴纸进行分割、复制、翻转等操作。点击"动画"图标，在界面底部显示针对贴纸的相关动画预设，点击选择一种动画预设，如图 6-136 所示。点击"√"图标，为贴纸应用相应的动画效果。在预览区域点击"播放"图标，可以看到添加的贴纸动画效果，如图 6-137 所示。

图 6-135　贴纸工具图标

图 6-136　为贴纸添加动画

图 6-137　预览贴纸动画效果

↘6.3.4　为视频添加滤镜

本小节将向读者介绍如何在"剪映"App 中为短视频添加滤镜，添加合适的滤镜效果可以为所创作的短视频作品带来一种脱离现实的美感。同一个短视频添加不同的滤镜可能会产生不同的视觉效果。

打开"剪映"App，点击"开始创作"图标，添加相应的视频素材，点击底部工具栏中的"滤镜"图标，在界面底部显示相应的滤镜选项，如图 6-138 所示。

"剪映"App 提供了多种不同类型的滤镜，点击某种滤镜即可在预览区域查看应用该滤镜的效果，并且可以通过滑块调整滤镜效果的强弱，如图 6-139 所示。点击"√"图标，返回视频剪辑界面，在时间轴中自动添加滤镜轨道，如图 6-140 所示。

图6-138 显示滤镜选项

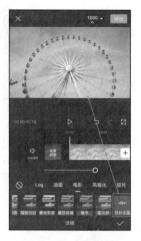
图6-139 应用滤镜

图6-140 自动添加滤镜轨道

在时间轴区域拖曳滤镜白色边框的左右两端，可以调整滤镜的应用范围，如图6-141所示。

"剪映"App支持为创作的短视频同时添加多个滤镜，在空白处点击，不要选择任何对象，点击底部工具栏中的"新增滤镜"图标，即可为短视频添加第2个滤镜，如图6-142所示。

如果需要删除某个滤镜，只需要在时间轴中选择需要删除的滤镜轨道，点击底部工具栏中的"删除"图标，如图6-143所示，即可将选中的滤镜删除。

图6-141 调整滤镜应用范围

图6-142 添加第2个滤镜

图6-143 删除滤镜

小贴士

人们通常会在两种情形下使用滤镜，一是回忆片段，通过为回忆片段添加滤镜，能够很好地使其与其他视频素材相区别；二是存在瑕疵的视频素材，通过添加滤镜可以很好地掩盖视频中的瑕疵。

↘ 6.3.5 为视频添加特效

使用"剪映"App所提供的特效库，可以轻松地在短视频中实现许多炫酷的短视频特效。

打开"剪映"App，点击"开始创作"图标，添加相应的视频素材，点击底部工具栏中的"特效"图标，在界面底部显示相应的特效选项。"剪映"App内置了"基础""梦幻""动感""复古""Bling""光影""纹理""漫画""分屏""自然""边框"等类型的丰富特效，如图6-144所示。

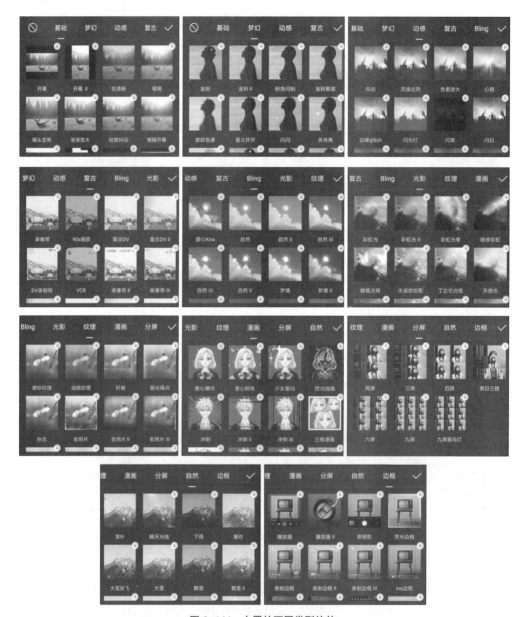

图 6-144　内置的不同类型特效

点击相应的特效预览图，即可在视频预览区域中看到该特效的效果，例如这里点击"自然"类型中的"大雪纷飞"特效，如图 6-145 所示。

点击"√"图标，返回视频剪辑界面，在时间轴中自动添加特效轨道，如图 6-146 所示。与添加滤镜相同，在时间轴区域拖曳特效白色边框的左右两端，可以调整特效的应用范围，如图 6-147 所示。

同样可以为创作的短视频同时添加多个特效。在空白处点击，不要选择任何对象，点击底部工具栏中的"新增特效"图标，即可为短视频添加第 2 个特效，如图 6-148 所示。

在时间轴中选择特效轨道，底部工具栏中为用户提供了相应的特效工具，如图 6-149 所示。点击"替换特效"图标，可以对当前轨道中的特效进行修改替换；点击"复制"图标，可以复制当前选择的特效轨道；点击"作用对象"图标，在弹出的选项中选择当前轨道中的特效需要作用的对象，如图 6-150 所示，可以是主视频，也可以是其他轨道素材；点击"删除"图标，可以将选中的特效删除。

图 6-145　应用特效

图 6-146　自动添加特效轨道

图 6-147　调整特效的应用范围

图 6-148　应用第 2 个特效

图 6-149　特效的工具栏

图 6-150　选择作用对象

小贴士

特效在视频中的大量应用让大众对很多视频特效产生审美疲劳，所以我们在短视频的创作过程中，重点还是在于视频内容，而不是过于花哨的特效。

↘ 6.3.6　视频调节

在"剪映"App 中可以对短视频进行调色处理，好的调色处理应该符合短视频的主题，不能过度夸张，应该恰到好处。

打开"剪映"App，点击"开始创作"图标，添加相应的视频素材，点击底部工具栏中的"调节"图标，在界面底部显示相应的调节选项，如图 6-151 所示。

根据需要点击要调整的选项图标，即可在底部显示相应的调节选项，例如这里点击"亮度"图标，显示"亮度"调节选项，拖曳滑块调整视频的亮度，如图 6-152 所示。还可以继续点击其他调节选项，对其他的选项进行相应的设置，如图 6-153 所示。

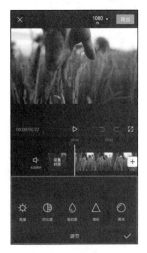
图 6-151　显示调节选项

图 6-152　调整亮度

图 6-153　调整色温

完成调节选项的添加和设置后，点击"√"图标，返回视频剪辑界面，在时间轴中自动添加调节轨道，如图 6-154 所示。与添加滤镜相同，在时间轴区域拖曳调节白色边框的左右两端，可以调整该调节效果的应用范围，如图 6-155 所示。

图 6-154　自动添加调节轨道

图 6-155　调整调节范围

同样可以为创作的短视频同时添加多个调节轨道。选中调节轨道之后，点击工具栏中的"调节"图标，可以显示调节选项，利用这些选项可以对所添加的调节效果进行修改；点击工具栏中的"删除"图标，可以删除所选择的调节轨道。

"剪映"App 还内置了美颜功能，打开"剪映"App，点击"开始创作"图标，添加相应的素材，点击底部工具栏中的"剪辑"图标，在"剪辑"二级工具栏中点击"美颜"图标，在界面底部显示美颜选项，如图 6-156 所示。

选择"磨皮"选项，拖曳滑块对人物进行磨皮处理，可以看到人物皮肤变得更光滑，斑点也明显减少，效果如图 6-157 所示；选择"瘦脸"选项，拖曳滑块对人物进行瘦脸处理，效果如图 6-158 所示。

图 6-156　显示美颜选项　　图 6-157　设置"磨皮"选项　　图 6-158　设置"瘦脸"选项

6.3.7　使用裁剪工具对视频进行重新构图

构图不仅对于照片非常重要,对于视频同样也很重要。本小节将向读者介绍如何通过"剪映"App 中的裁剪工具对视频进行重新构图操作。

打开"剪映"App,点击"开始创作"图标,在选择素材界面中选择相应的视频素材,如图6-159所示。点击"添加"按钮,将视频素材添加到时间轴中,点击预览区域中的"播放"图标,预览视频,可以发现视频素材的问题,如图 6-160 所示。

 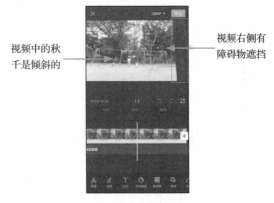

视频中的秋
千是倾斜的

视频右侧有
障碍物遮挡

图 6-159　选择视频素材　　　　　图 6-160　预览视频素材

在时间轴中选择视频素材,点击底部工具栏中的"编辑"图标,显示"编辑"二级工具图标,如图6-161所示。点击"裁剪"图标,在预览区域显示裁剪框,在界面下方显示裁剪选项,如图 6-162 所示。

 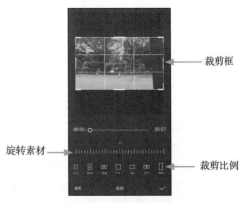

裁剪框

旋转素材

裁剪比例

图 6-161　"编辑"二级工具图标　　　图 6-162　显示裁剪选项

设置"旋转素材"选项，让视频中的秋千与裁剪框的网格线大致平行，如图 6-163 所示。点击"16：9"图标，控制裁剪框的比例，拖曳裁剪框的边缘，调整裁剪区域，如图 6-164 所示。

完成裁剪框的调整，点击界面右下角的"√"图标，即可对视频素材进行裁剪处理，如图 6-165 所示。

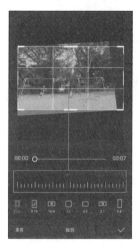

图 6-163　旋转视频素材

图 6-164　选择裁剪比例并调整裁剪框

图 6-165　完成视频素材裁剪

💬 小贴士

选择一种裁剪比例之后，再拖曳裁剪框调整裁剪区域的大小，无论如何调整，裁剪区域始终保持所选择的裁剪比例。如果选择"自由"选项，则可以对裁剪框进行任意调整，并且没有比例限制。

6.4　短视频特效制作

通过对前几小节内容的学习，相信读者已经基本掌握了"剪映"App 的操作方法，以及简单的视频剪辑方法。本节将通过一些短视频特效案例的制作，使读者对在"剪映"App 中处理和编辑短视频有更深入的理解。

↘ 6.4.1　将横版视频处理为竖版

目前很多手机短视频平台中的视频都是竖版视频，并且竖版视频也更适合使用手机观看，那么如果我们拍摄的视频是横版视频，如何将其处理为竖版视频呢？下面通过一个小案例来讲解在"剪映"App 中如何将横版视频处理为竖版。

微课视频

扫一扫

实战

将横版视频处理为竖版

最终效果：资源＼第 6 章＼6-4-1.mp4。

视频：视频＼第 6 章＼将横版视频处理为竖版 .mp4。

01. 打开"剪映"App，点击"开始创作"图标，在选择素材界面中选择相应的视频素材，点击"添加"按钮，如图 6-166 所示。将所选择的横版视频添加到时间轴中，进入视频剪辑界面，如图 6-167 所示。

02. 点击底部工具栏中的"比例"图标,显示"比例"二级工具栏,如图6-168所示。点击二级工具栏中的"9∶16"图标,将视频比例修改为9∶16,这样就是竖版视频比例,如图6-169所示。

图6-166　选择视频素材　　图6-167　进入视频　　图6-168　显示"比例"　　图6-169　设置为竖版
　　　　　　　　　　　　　　　剪辑界面　　　　　　　二级工具栏　　　　　　　视频比例

03. 点击工具栏中的"返回"图标,返回主工具栏中,点击"背景"图标,显示"背景"二级工具栏,如图6-170所示。点击二级工具栏中的"画布模糊"图标,显示相应的选项,点击选择一种画布模糊程度,如图6-171所示。

图6-170　显示"背景"二级工具栏　　图6-171　设置画布模糊

04. 点击"√"图标,应用画布模糊设置,这样就把横版视频处理为竖版。点击预览区域的"播放"图标,可以看到短视频效果,如图6-172所示。

图6-172　预览短视频效果

↘ 6.4.2　制作分屏特效

　　分屏特效是短视频中比较常见的特效，但如果直接为视频应用"三屏"特效，实现出来的分屏效果是错误的。正确的制作方法是需要先将视频比例处理为16:9，再对16:9比例的视频应用"三屏"特效，从而制作出正确的分屏特效。

微课视频

扫一扫

实战	**制作分屏特效** 最终效果：资源 \ 第 6 章 \6-4-2.mp4。 视频：视频 \ 第 6 章 \ 制作分屏特效 .mp4。

　　01. 打开"剪映"App，点击"开始创作"图标，在选择素材界面中选择相应的视频素材，点击"添加"按钮，如图 6-173 所示。点击底部工具栏中的"比例"图标，显示"比例"二级工具栏，如图 6-174 所示。

　　02. 点击二级工具栏中的"9:16"图标，将视频比例修改为 9:16，这就是竖版视频的比例，如图 6-175 所示。将片尾删除，点击界面右上角的"导出"按钮，将竖版视频导出，如图 6-176 所示。

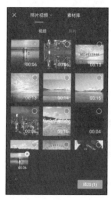
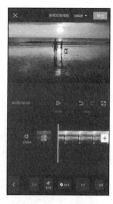
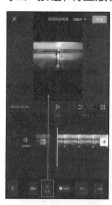

图 6-173　选择视频素材　　图 6-174　显示"比例"　　图 6-175　设置为竖版　　图 6-176　导出视频
　　　　　　　　　　　　　　　　　二级工具栏　　　　　　　视频比例

　　03. 点击"开始创作"图标，在选择素材界面中选择刚导出的竖版视频素材，点击"添加"按钮，如图 6-177 所示。点击底部工具栏中的"特效"图标，在弹出的界面中切换到"分屏"选项卡，点击"三屏"选项，如图 6-178 所示。

　　04. 点击"√"图标，为视频应用"三屏"特效，时间轴区域中自动添加特效轨道，如图 6-179 所示。选择特效轨道，拖曳其白色边框的右侧，调整其覆盖范围与整个视频的时长相同，如图 6-180 所示。

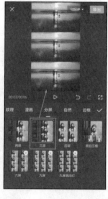

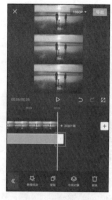

图 6-177　选择刚导出　　图 6-178　点击"三屏"　　图 6-179　自动添加　　图 6-180　调整特效轨道
　　的视频素材　　　　　　选项　　　　　　　　特效轨道　　　　　　覆盖范围

05. 完成分屏特效的制作，点击预览区域的"全屏"图标，再点击"播放"图标，可以全屏预览分屏效果，如图6-181所示。

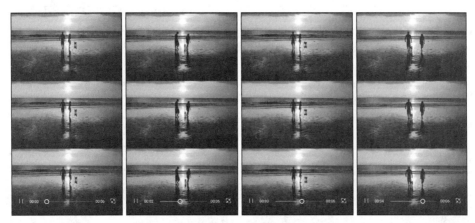

图 6-181 预览分屏效果

↘6.4.3 制作短视频标题粒子消散效果

本案例将制作一个短视频标题粒子消散效果，主要通过为文字添加动画效果，将文字的入场、出场动画与准备好的粒子视频素材相结合，设置粒子视频素材的混合模式，从而表现出短视频标题文字的粒子消散效果。

微课视频

扫一扫

实战

制作短视频标题粒子消散效果

最终效果：资源 \ 第 6 章 \6-4-3.mp4。

视频：视频 \ 第 6 章 \ 制作短视频标题粒子消散效果 .mp4。

01. 打开"剪映"App，点击"开始创作"图标，在选择素材界面中选择相应的视频素材，点击"添加"按钮，如图6-182所示。点击底部工具栏中的"文字"图标，点击"文字"二级工具栏中的"添加文本"图标，输入标题文字，如图6-183所示。

02. 在"样式"选项区中为标题文字选择一种手写字体，并且在预览区域调整文字到合适的大小和位置，如图6-184所示。切换到"动画"选项卡中，点击"渐显"选项，为标题文字应用"渐显"入场动画，如图6-185所示。

图 6-182 选择视频素材　图 6-183 输入标题文字　图 6-184 选择字体并　图 6-185 应用"渐显"

调整文字位置　　　　入场动画

03. 切换到"出场动画"中，点击"打字机Ⅱ"选项，为标题文字应用"打字机Ⅱ"出场动画，如图 6-186 所示。拖曳下方的滑块，调整入场动画和出场动画的时长均为 1 秒，如图 6-187 所示。

04. 点击"√"图标，完成标题文字的设置。滑动时间轴区域，将时间指示器移至文字开始消失的位置，如图 6-188 所示。取消文字轨道的选中状态，返回主工具栏中，点击"画中画"图标，再点击"新增画中画"图标，在选择素材界面中选择粒子消散的视频素材，点击"添加"按钮，如图 6-189 所示。

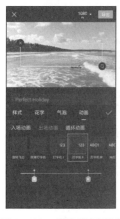 

图 6-186 应用"打字机Ⅱ"　　图 6-187 调整动画时长　　图 6-188 调整时间　　图 6-189 选择视频素材
出场动画　　　　　　　　　　　　　　　　　　　　　　　指示器位置

05. 将粒子消散视频素材添加到时间轴中，在预览区域放大该画中画素材，使其完全覆盖预览区域，如图 6-190 所示。点击底部工具栏中的"混合模式"图标，在弹出的选项中点击"滤色"选项，如图 6-191 所示。

图 6-190 调整画中画素材　　　　图 6-191 应用"滤色"混合模式

06. 点击"√"图标，应用混合模式设置。默认情况下，在主轨视频素材的最后会自动添加默认的片尾，如果不需要可以点击选中，再点击底部工具栏中的"删除"图标将其删除，如图 6-192 所示。

07. 完成短视频效果的制作后，点击界面右上角的"导出"按钮，可显示导出视频界面，如图 6-193 所示。视频导出完成后可以选择是否将所制作的短视频同步到"抖音"和"西瓜"短视频平台，如图 6-194 所示。

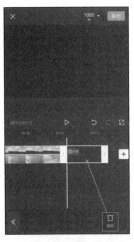

图 6-192　删除片尾　　　　图 6-193　导出视频　　　　图 6-194　分享到短视频平台

08. 完成该短视频标题粒子消散效果的制作，点击预览区域的"播放"图标，可以看到短视频效果，如图 6-195 所示。

图 6-195　预览视频效果

↘ 6.4.4　制作电影感开屏短视频

本案例将制作一个具有电影感的开屏短视频效果。为视频搭配合适的歌曲，并通过"识别歌词"功能自动识别所添加歌曲的歌词文字内容，为短视频添加"开幕"特效，从而使短视频表现出具有电影感的开屏效果。

微课视频
扫一扫

实战	制作电影感开屏短视频
	最终效果：资源 \ 第 6 章 \6-4-4.mp4。
	视频：视频 \ 第 6 章 \ 制作电影感开屏短视频 .mp4。

01. 打开"剪映"App，点击"开始创作"图标，在选择素材界面中选择相应的视频素材，点击"添加"按钮，如图 6-196 所示。点击底部工具栏中的"音频"图标，点击"音频"二级工具栏中的"音乐"图标，显示添加音乐界面，如图 6-197 所示。

02. 点击音乐名称可以试听音乐，选择合适的音乐，点击"使用"按钮，如图 6-198 所示。将所选择的音乐添加到时间轴中，如图 6-199 所示。

   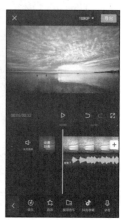

图 6-196　选择视频素材　　图 6-197　添加音乐界面　　图 6-198　选择合适的音乐　　图 6-199　将音乐添加到
时间轴

03. 选择时间轴中的音频轨，拖动白色边框的右侧，将其裁剪到与视频的时长相同，如图 6-200 所示。不要选择任何对象，返回主工具栏，点击工具栏中的"特效"图标，在弹出的界面中选择"基础"选项卡中的"开幕"选项，如图 6-201 所示。

04. 点击"√"图标，添加"开幕"特效，时间轴中自动添加特效轨道，用户可以调整特效轨道的持续时间，如图 6-202 所示。返回主工具栏中，点击"文字"图标，在二级工具栏中点击"识别歌词"图标，在弹出的对话框中点击"开始识别"按钮，如图 6-203 所示。

 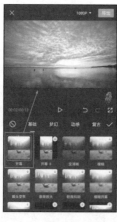  

图 6-200　对音乐轨道　　图 6-201　选择"开幕"选项　　图 6-202　自动添加　　图 6-203　点击"开始
进行裁剪　　　　　　　　　　　　　　　　　　　　　特效轨道　　　　　　识别"按钮

05. 完成歌词的识别后，时间轴中自动添加相应的文字轨道，如图 6-204 所示。点击选择文字轨道，点击工具栏中的"样式"图标，在弹出的选项中选择一种文字样式，如图 6-205 所示。点击"√"图标，应用文字样式设置。在预览窗口中调整字幕的位置并适当放大，如图 6-206 所示。

图6-204 自动添加文字轨道

图6-205 设置文字样式

图6-206 调整文字位置和大小

06. 完成电影感开屏短视频的制作后，点击预览区域的"播放"图标，可以看到短视频效果，如图6-207所示。

图6-207 预览短视频效果

↘6.4.5 制作盗梦空间视频效果

本案例将制作一个电影中常见的场景镜像效果。该效果的制作过程中，主要通过对视频素材进行镜像处理并添加蒙版，使两个视频素材能够更好地融合在一起，从而表现出梦境感的视频特效。

微课视频

扫一扫

实战

制作盗梦空间视频效果

最终效果：资源 \ 第6章 \6-4-5.mp4。

视频：视频 \ 第6章 \ 制作盗梦空间视频效果 .mp4。

01. 打开"剪映"App，点击"开始创作"图标，在选择素材界面中选择相应的视频素材，点击"添加"按钮，如图6-208所示。点击底部工具栏中的"画中画"图标，再点击"画中画"二级工具栏中的"新增画中画"图标，如图6-209所示。

02. 在选择素材界面中选择相同的视频素材，点击"添加"按钮，如图6-210所示。点击底部工具栏中的"编辑"图标，显示"编辑"二级工具栏，点击"镜像"图标，可以将画中画素材进行左右镜像，效果如图6-211所示。

03. 点击底部工具栏中的"旋转"图标两次，可以将画中画素材顺时针旋转180°，如图6-212所示。在预览区域进行双指分开操作，将画中画素材放大，再将素材向上移动到合适的位置，如图6-213所示。

图 6-208　选择视频素材　　图 6-209　点击"新增　　图 6-210　添加画中画素材　图 6-211　将画中画素材
　　　　　　　　　　　　　　　　　画中画"图标　　　　　　　　　　　　　　　　　　　　　　进行镜像处理

图 6-212　对素材进行旋转操作　　　　图 6-213　调整素材大小和位置

小贴士

在"剪映"App 中只有水平镜像功能，并没有垂直镜像功能，点击"旋转"图标一次可以将素材顺时针旋转 90°，所以这里先将素材水平镜像处理，再旋转两次，从而得到我们所需要的垂直镜像的效果。

04．点击底部工具栏中的"返回"图标，再点击底部工具栏中的"蒙版"图标，在弹出的图标中点击"线性"图标，为画中画素材添加线性蒙版，如图 6-214 所示。点击左下角的"反转"选项，反转所添加的线性蒙版，如图 6-215 所示。

小贴士

点击"反转"选项，可以对素材蒙版中的显示区域和隐藏区域进行切换。

05．在预览区域中拖曳蒙版边缘线，调整蒙版范围，效果如图 6-216 所示。在预览区域中拖曳"蒙版羽化"图标，可以调整蒙版边缘的羽化程度，如图 6-217 所示。

图 6-214　为素材添加　　图 6-215　反转蒙版　　图 6-216　调整蒙版范围　　图 6-217　调整蒙版羽化
　　　　线性蒙版

06. 完成蒙版的调整，点击右下角的"√"图标，应用蒙版设置，如图 6-218 所示。选择主轨，在预览区域中将主轨中的素材向下移动位置，如图 6-219 所示。

图 6-218　应用蒙版设置　　　图 6-219　向下移动主轨素材

07. 完成盗梦空间视频效果的制作后，点击预览区域的"播放"图标，可以看到所制作的短视频效果，如图 6-220 所示。

图 6-220　预览视频效果

6.5　本章小结

短视频的创作重点在于创意，视频剪辑软件的功能是死的，而创意是无限的，拥有良好的创意才能够制作出出色的短视频作品。完成本章内容的学习后，读者能够掌握使用"剪映"App 对短视频进行后期剪辑处理的方法和技巧，读者可通过加强练习来进一步提高自己的短视频后期剪辑制作水平。

CHAPTER

第**7**章

使用其他App制作短视频

　　除了"剪映"App，移动端还有许多短视频剪辑制作App，这些短视频剪辑制作App的使用方法与"剪映"App相类似，但又各有其特点。

　　本章将向读者介绍其他几款短视频剪辑制作App，以使读者能够了解并掌握更多的短视频制作App的使用方法和技巧，方便进行短视频的后期编辑和制作。

7.1 使用"简影"App

"简影"App 是一款简单易用的短视频制作软件，它为用户提供了海量高品质的素材，可帮助用户轻松制作各种精彩的短视频，并且用户制作的短视频可以实时与好友分享。

↘ 7.1.1 "简影"App的基本操作

用户使用"简影"App 不需要专业的知识和复杂的操作就能够制作出多种热门短视频效果，"简影"App 使短视频制作变得轻松、便捷。

在手机上安装"简影"App，打开"简影"App，进入"简影"App 主界面，该界面为用户提供了热门的短视频模板，如图 7-1 所示。

"简影"App 将短视频模板分成了"最新""宣传推广""抠像特效"等多个类型，点击相应的类型名称，即可切换到该模板类型，如图 7-2 所示。

点击类型名称，切换模板类型

图 7-1　"简影"App 主界面　　　　图 7-2　切换不同的模板类型

在界面中点击相应的短视频模板，进入该模板的详情界面中，点击短视频"播放"图标，即可预览短视频的效果，如图 7-3 所示；在该界面中还显示了该短视频模板的相关信息内容。

点击该图标，可以收藏该模板

点击预览模板效果

提示需要用的素材

显示该短视频模板的总时长

图 7-3　短视频模板详情界面

点击界面底部的"一键制作"按钮，进入短视频制作界面，如图 7-4 所示。在该界面中可以通过替换所选择的模板中的素材和音乐来制作同款短视频。

图 7-4 短视频制作界面

在短视频制作界面中完成模板中素材的替换和制作后，点击界面右上角的"导出"文字，即可将短视频导出到手机相册中。

 小贴士

"简影"App 的操作非常简单，它提供了众多不同类型的模板供用户选择，但其中也有许多模板是需要用户付费成为会员后才可以使用的，并且非会员在最终导出的短视频右下角会有"简影"App 的水印，付费成为会员可以去除水印。

7.1.2 使用"简影"App制作电子相册

"简影"App 是一款功能强大的短视频制作和编辑 App，其操作非常简单，用户可以快速制作出符合使用场景的短视频作品。本小节将通过一个案例，讲解如何使用"简影"App 中的模板快速制作精美的电子相册。

微课视频

扫一扫

 实战

使用"简影"App 制作电子相册

最终效果：资源 \ 第 7 章 \7-1-2.mp4。

视频：视频 \ 第 7 章 \ 使用"简影"App 制作电子相册 .mp4。

01. 打开手机中安装的"简影"App，其主界面中为用户提供了多种不同类型的模板，如图 7-5 所示。在主界面中点击"电子相册"文字，切换到"电子相册"模板类型，滑动界面，找到自己喜欢的电子相册模板，如图 7-6 所示。

02. 点击模板图片，可以进入"模板详情"界面，在该界面中可以预览所选择的模板的视频效果，如图 7-7 所示。点击界面底部的"一键制作"按钮，进入短视频制作界面，界面上方为效果预览区域，下方为选项设置区域，如图 7-8 所示。

03. 点击"素材输入"选项下方的第 1 个图片图标，弹出照片选择界面，在该界面中选择需要使用的照片，如图 7-9 所示。点击需要使用的照片，即可进入照片裁剪界面，拖曳可以调整裁剪框的大小和位置，如图 7-10 所示。

图 7-5 "简影" App 主界面

图 7-6 切换到"电子相册"模板类型

图 7-7 "模版详情"界面

图 7-8 短视频制作界面

图 7-9 照片选择界面

图 7-10 照片裁剪界面

04. 点击裁剪界面右上角的"√"图标，完成照片的裁剪调整，返回短视频制作界面，效果如图 7-11 所示。使用相同的操作方法，分别添加其他照片素材，如图 7-12 所示。

图 7-11 完成第 1 张照片素材的添加

图 7-12 添加其他照片素材

小贴士

除了可以每张照片素材分别进行添加，还可以点击"批量选择"按钮，在弹出的界面中同时选择需要添加的多张照片素材，但是采用这种方式无法对每张照片素材的裁剪区域进行手动调整，所以这里选择每张照片素材分别进行添加，并分别调整每张照片素材的裁剪区域。

05. 如果需要更换所选择模板的背景音乐，可以点击界面底部的"选择音乐"按钮，在界面底部显示相应的选项，如图 7-13 所示。点击"从视频中导入"选项，将显示视频选择界面，可以选择手机中的视频，导入所选择视频中的音乐；点击"从音乐中导入"选项，将显示手机音乐列表，可以选择需要作为背景音乐的音乐。

06. 如果需要调整当前模板背景音乐的音量大小，可以拖曳"背景音乐音量"控制滑块，默认为 100（即音乐的默认音量大小），如图 7-14 所示。

图 7-13　替换背景音乐选项

图 7-14　背景音乐音量调整

07. 完成视频制作界面中选项的设置之后，点击预览区域的"播放"图标，即可在预览区域中预览该电子相册的效果，如图 7-15 所示。点击界面右上角的"导出"文字，可以将制作好的电子相册导出；点击"保存到相册"按钮，如图 7-16 所示，即可将导出的电子相册保存到手机相册中。

图 7-15　预览电子相册效果

图 7-16　保存导出的电子相册

7.2 使用"VUE Vlog"App

"VUE Vlog"App是一款移动端短视频拍摄与后期处理软件,它允许用户通过简单的操作实现短视频的拍摄、剪辑、细调和发布。它拥有大片质感的滤镜,拥有自然的美颜效果,拥有丰富、有趣的贴纸、音乐和字体素材,能够帮助用户制作出高质量的短视频。

↘ 7.2.1 认识"VUE Vlog"App

"VUE Vlog"App是国内领先的视频拍摄和编辑工具以及原创的Vlog短视频平台。"VUE Vlog"App提供海量的音乐、贴纸、边框、字体、滤镜、转场等样式和素材,让用户不费吹灰之力就能制作出精美的短视频。

打开手机中安装的"VUE Vlog"App,进入"VUE Vlog"App的首页界面中,该界面中包含"关注""推荐"和"学院"3个选项卡,默认显示"推荐"选项卡,在该选项卡中显示最新推荐的Vlog短视频,并且它会自动播放,如图7-17所示。

点击"关注"文字,切换到"关注"选项卡中,在该选项卡中显示的是用户所关注的人发布的短视频,如图7-18所示。

点击"学院"文字,切换到"学院"选项卡中,在该选项卡中显示的是"VUE Vlog"官方推出的有关"VUE Vlog"的使用教程视频以及短视频剪辑和特效制作的相关教程视频,方便用户进行学习,如图7-19所示。

图7-17 "推荐"选项卡

图7-18 "关注"选项卡

图7-19 "学院"选项卡

在界面底部标签栏中点击"Vloggers"图标,可以切换到"Vloggers"界面,显示入驻"VUE Vlog"平台的短视频创作者列表,如图7-20所示。点击某个短视频创作者的图片,可以在弹出的浮动界面中显示该创作者的相关短视频作品,如图7-21所示。点击某个短视频缩览图,即可切换到该短视频的播放界面中,自动播放该短视频作品,如图7-22所示。

 小贴士

"Vloggers"界面向用户推荐的是在旅拍、美食、户外等不同领域中的短视频创作达人,用户可以根据自己的喜好观看相关创作者的短视频作品,或者关注相应的短视频创作者。通过观看这些短视频达人所创作的短视频作品,可以学习他们的拍摄和镜头运用手法。

图 7-20　"Vloggers"界面　　　　图 7-21　显示相关短视频作品　　　　图 7-22　观看短视频作品

在界面底部标签栏中点击"频道"图标，可以切换到"频道"界面，在该界面中显示针对不同类型短视频所创建的频道列表，如图 7-23 所示。在频道列表中点击自己感兴趣的频道名称，可以进入该频道界面，显示该频道中的短视频列表，并自动播放当前界面中的短视频，如图 7-24 所示。如果用户对该频道感兴趣，点击"加入"按钮，即可加入该频道。点击界面上方标题栏中的"专题"文字，可以在界面中显示专题列表，如图 7-25 所示。

在界面底部标签栏中点击"我的"图标，可以切换到"我的"界面，在该界面中显示用户的相关个人信息以及所关注的人、频道等内容，如图 7-26 所示。

图 7-23　频道列表　　　　图 7-24　进入某频道界面　　　　图 7-25　专题列表　　　　图 7-26　"我的"界面

点击界面右上角的"钱包"图标，可以切换到"钱包"界面，在该界面中可以进行充值或提现操作，如图 7-27 所示。点击界面右上角的"分享"图标，在界面底部显示相关的分享选项，用户可以将个人名片分享到其他社交 App 中，如图 7-28 所示。点击界面右上角的"设置"图标，切换到"设置"界面，在该界面中可以对个人账号以及"VUE Vlog"的拍摄与输出参数等进行设置，如图 7-29 所示。

图 7-27　"钱包"界面

图 7-28　显示分享选项

图 7-29　"设置"界面

↘ 7.2.2　"VUE Vlog"App的基本操作

在"VUE Vlog"App 的底部标签栏中点击中间的"制作视频"图标，即可进入"VUE Vlog"App 的视频剪辑与制作界面，如图 7-30 所示。该界面也是"VUE Vlog"App 的核心功能界面，短视频的拍摄、剪辑、制作都是在该界面中完成的。

在"最新 PRO 素材"部分显示了最新的 PRO 素材，点击素材缩览图，可以在界面中查看该PRO 素材的效果，如图 7-31 所示。不过，PRO 素材只有会员才能够获取并使用。

图 7-30　视频剪辑与制作界面

图 7-31　查看 PRO 素材效果

点击界面右上角的"购物车"图标，显示"补给站"界面，在该界面中显示了最新开发的用于短视频制作的相关素材，还包括"字体""滤镜""贴纸""音乐"和"水印"5 种类型的素材，如图 7-32 所示。

在"补给站"界面中点击某一种素材缩览图，即可进入该素材的预览界面，系统将自动播放该短视频素材，如图 7-33 所示。点击"免费"按钮，即可免费获取当前所预览的素材，这样在自己制作短视频的过程中就可以使用该素材。点击"赞赏"按钮，可以在弹出的窗口中选择打赏的金额进行打赏。

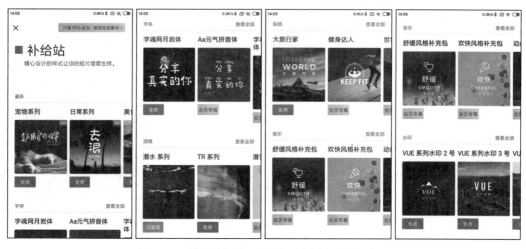

图 7-32 "补给站"界面中提供了多种类型的全新素材

图 7-33 预览短视频素材效果

1. 剪辑

在视频剪辑与制作界面中点击"剪辑"选项（见图 7-30），进入导入素材界面，选择手机中已经拍摄好的视频素材，如图 7-34 所示。点击界面底部的"导入"按钮，即可将所选择的视频素材导入视频编辑界面中，如图 7-35 所示。

图 7-34 选择素材

图 7-35 视频编辑界面

（1）调整视频画幅

点击"画幅"图标，切换到画幅设置界面，该界面为用户提供了多种预设的视频尺寸比例，如图 7-36 所示。点击某一种预设的尺寸比例选项，即可快速将视频素材处理为相应的尺寸比例，例如点击"圆形"，即可将视频素材处理为圆形的效果，并且可以在下方选择处理后的视频背景颜色，如图 7-37 所示。

图 7-36　预设的视频尺寸比例

图 7-37　设置"圆形"画幅后的效果

（2）添加片头和片尾

在视频编辑界面中点击"添加片头"选项，弹出"选择片头样式"界面，如图 7-38 所示。点击某一个片头样式的预览图，可以进入该片头样式的预览界面，播放片头效果，如图 7-39 所示。点击界面底部的"选择此样式"按钮，进入"添加片头信息"界面，输入片头标题和名字，如图 7-40 所示。

图 7-38　"选择片头样式"界面

图 7-39　预览片头效果

图 7-40　"添加片头信息"界面

点击界面底部的"下一步"按钮，进入片头预览界面，可以更换片头的音乐，预览片头效果，如图 7-41 所示。点击界面底部的"选择此片头"按钮，完成片头的添加。返回视频编辑界面，可以看到所添加的片头，如图 7-42 所示。

在视频编辑界面中点击"添加片尾"选项，弹出"选择片尾样式"界面，如图 7-43 所示。片尾的添加方法与片头的添加方法相同。

图 7-41　预览片头效果

图 7-42　完成片头的添加

图 7-43　"选择片尾样式"界面

（3）添加转场

点击两个素材之间的小方块，显示需要在两个素材之间添加的内容，这里有 3 个选项，分别是"视频 / 照片""转场效果"和"转场素材"，如图 7-44 所示。

点击"视频 / 照片"选项，在界面中显示"拍摄"和"导入"两个选项，如图 7-45 所示。通过这两个选项可以在两个素材之间添加其他素材。

点击"转场效果"选项，在界面底部显示相应的转场效果选项供用户选择。点击某一个转场效果选项，即可在两个素材之间应用该转场效果，并且可以在界面上半部分的预览区域中查看所应用的转场效果，如图 7-46 所示。点击所应用转场效果界面中的"编辑"文字，显示转场效果编辑选项，在其中可以选择转场时长，如图 7-47 所示。

图 7-44　显示 3 个添加选项

图 7-45　显示添加视频 /
照片的两种方式

图 7-46　应用转场效果

图 7-47　选择转场时长

小贴士

在"VUE Vlog"App 内置的转场效果中，上面一行为内置的免费转场效果，下面一行为内置的 PRO 会员转场效果。免费的转场效果包括"叠化""叠黑""闪白""缩放""左转""右转""向左擦除""向右擦除""向下擦除"和"向上擦除"共 10 种。

点击"转场素材"选项，在界面底部显示内置的转场素材供用户选择，如图7-48所示。点击选择某一种转场素材，即可将所选择的转场素材添加到两个素材之间。

（4）视频素材编辑

在视频编辑界面中点击选择需要进行编辑的视频素材，在其下方显示了"静音""截取""速度""切割""删除""滤镜""画面调节""美肤""旋转裁剪""变焦""复制"和"倒放"共12种功能编辑图标。

点击"静音"图标，该图标变为红色，表示对当前所选择的视频素材的原声进行静音处理，如图7-49所示。

点击"截取"图标，切换到视频素材截图界面中，可以通过拖曳左右两侧的手柄来截取视频素材需要的部分，如图7-50所示。也可以通过点击"快速选择"栏提供的4种预览时长，快速在视频素材中选取相应时长的素材。

点击"速度"图标，切换到视频素材速度设置界面中，该界面提供了4种视频播放速度供用户选择，默认"1×"为视频正常播放速度，如图7-51所示。点击"0.5×"，视频素材将以0.5倍速度进行播放；点击"2×"，视频素材将以2倍速度进行播放；点击"4×"，视频素材将以4倍速度进行播放。

图7-48　显示内置的转场素材　图7-49　对视频素材静音　图7-50　截取视频素材　图7-51　设置视频素材的速度

点击"切割"图标，切换到视频素材切割界面中，拖曳滑块至需要切割的位置，点击界面底部的"切割"图标，即可在所选择位置将视频素材切割为两部分，如图7-52所示。用相同的操作方法，可以将一个视频素材切割为多段。

点击"删除"图标，弹出删除提示对话框，如图7-53所示，点击"确定"文字，即可将所选择的视频素材删除。

点击"滤镜"图标，切换到滤镜效果设置界面，"VUE Vlog"App中内置了多种滤镜效果供用户选择。点击某一种滤镜名称，即可在预览区域中看到应用该滤镜的效果，如图7-54所示。在该界面中还可以通过"透明度"选项调整所应用滤镜效果的强弱。

点击"画面调节"图标，切换到画面调节设置界面中，如图7-55所示。通过拖曳该界面中画面调节选项的滑块，可以分别对视频素材的画面进行相应的调整，如图7-56所示。

点击"美肤"图标，切换到美肤设置界面，"VUE Vlog"App为用户提供了3种程度的美肤处理效果，如图7-57所示，点击即可应用相应的美肤处理效果。美肤功能主要对人物皮肤起作用。

点击"旋转裁剪"图标，切换到素材旋转裁剪界面，点击界面右下角的"旋转"图标，可以对素材进行旋转处理，效果如图7-58所示。每点击一次"旋转"图标，素材将会按顺时针旋转90°，点击界面右上角的"√"图标，可以确认对素材的旋转处理。

图 7-52　切割视频素材

图 7-53　删除视频素材

图 7-54　应用滤镜效果

图 7-55　画面调节设置选项

图 7-56　调整各选项后的效果

图 7-57　美肤设置选项

图 7-58　对素材进行旋转处理

　　点击"变焦"图标，切换到变焦设置界面，"VUE Vlog"App 为用户提供了 6 种常见的镜头变焦效果，分别是"推近""拉远""左移""右移""上移"和"下移"。点击某一种变焦选项，即可为素材应用该变焦效果，如图 7-59 所示。

点击"复制"图标，可以直接复制当前所选择的素材，如图7-60所示。

点击"倒放"图标，可以自动将所选择的视频素材处理为倒放的效果，即实现视频素材的反转播放，如图7-61所示。

（5）短视频效果元素

在视频编辑界面中点击底部标签栏中的"边框"图标，在界面底部显示内置的多种边框效果，点击需要使用的边框缩览图，即可为短视频添加边框效果，如图7-62所示。

图7-59　应用变焦选项

图7-60　复制素材

图7-61　实现视频素材倒放

图7-62　应用边框效果

在视频编辑界面中点击底部标签栏中的"贴纸"图标，在界面底部显示内置的多种贴纸主题，如图7-63所示。点击相应的贴纸主题缩览图，显示该主题中相应的贴纸缩览图，点击需要添加的贴纸缩览图，即可为短视频添加相应的贴纸，如图7-64所示。

图7-63　显示贴纸主题

图7-64　添加贴纸效果

小贴士

添加某个贴纸之后，点击该贴纸上的"编辑"文字，可以对贴纸的持续时间进行设置。此外，在视频预览区域中，还可以调整贴纸的大小和位置，并且可以删除所添加的贴纸。

在视频编辑界面中点击底部标签栏中的"文字"图标，在界面底部显示可以添加的4种文字类型，即"大字""时间地点""标签"和"字幕"，如图7-65所示。

点击"大字"选项，可以选择一种内置的大字样式，在视频预览区域中双击默认文字，即可输入相应的文字内容，如图7-66所示，然后可以修改文字的字体，还可以在视频预览区域中对文字进行缩放、编辑和删除等操作，如图7-67所示。

图7-65　4种文字类型　　　图7-66　添加文字并修改文字内容　　　图7-67　设置文字效果

点击"时间地点"选项，选择一种内置的时间地点文字样式，在视频预览区域将自动添加相应样式的时间地点文字，并且可以拖曳调整其位置，如图7-68所示。

点击"标签"选项，可以选择一种内置的标签样式，在视频预览区域双击所添加的标签，可以输入标签文字，同样可以对标签的大小和位置进行调整，如图7-69所示。

点击"字幕"选项，进入字幕设置界面，如图7-70所示。拖曳视频帧画面找到需要添加字幕的位置，点击"按住加字"按钮不放至字幕结束的视频帧画面位置松开，即可为该段内容添加相应的字幕内容，并且可以通过"字幕样式"选项设置字幕的样式、字体和字体大小。

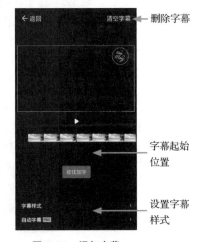

图7-68　添加时间地点　　　　图7-69　添加标签　　　　图7-70　添加字幕

在视频编辑界面中点击底部标签栏中的"剪辑"图标，在界面底部显示素材剪辑选项，可以对时间轴中的素材进行剪辑操作，如图7-71所示。此处的剪辑操作与"分段"选项中的视频剪辑操作相似。

在视频编辑界面中点击底部标签栏中的"音乐"图标，在界面中的时间轴区域显示添加音乐的相关选项，如图7-72所示。滑动时间轴至需要添加音乐的位置，点击"＋"图标，显示"添加音乐"界面，该界面提供了多种添加音乐的方式，并且对音乐库进行了分类，如图7-73所示。

图 7-71　素材剪辑

图 7-72　显示添加音乐选项

图 7-73　添加音乐界面

　　点击选择一个音乐类型，进入该音乐类型的音乐列表界面中，点击音乐名称可以进行试听，如图 7-74 所示。点击音乐名称右侧的"使用"按钮，可以将该音乐添加到时间轴当前位置，如图 7-75 所示。

　　点击时间轴区域中的"点击添加录音"文字，显示录音倒计时，倒计时结束后即可开始进行录音，如图 7-76 所示。录音结束后，点击"完成"文字，即可将录音添加到时间轴中。

图 7-74　试听音乐

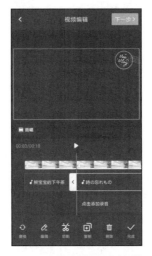

图 7-75　添加音乐到时间轴

图 7-76　进行录音

2. 拍摄

　　在视频剪辑与制作界面中点击"拍摄"选项，如图 7-77 所示。进入短视频拍摄界面，如图 7-78 所示。

　　点击"画幅"图标，在界面中显示画幅选项，默认为 9∶16 的画幅，可以点击选择一种短视频拍摄的画幅比例，如图 7-79 所示。

　　点击"滤镜"图标，在界面中显示滤镜选项，点击选择一种短视频拍摄时所使用的滤镜，如图 7-80 所示。

　　点击"转换镜头"图标，可以切换手机的前置摄像头进行短视频的拍摄，这种情况通常用于自拍。

　　点击"设置"图标，在界面中显示设置选项，可以设置短视频拍摄过程中的镜头速度，同时还可以设置美肤功能，如图 7-81 所示。

图7-77　点击"拍摄"选项

图7-78　短视频拍摄界面

图7-79　显示画幅选项

图7-80　显示滤镜选项

图7-81　显示设置选项

点击拍摄界面中的红色圆形图标，即可开始短视频拍摄，如图7-82所示。点击红色方块图标，完成第1段视频的拍摄，返回拍摄界面，界面显示刚刚拍摄的视频，如图7-83所示。点击"删除"图标，可以将刚拍摄的视频删除，点击界面右上角的"编辑"按钮，可以完成短视频的拍摄并进入视频编辑界面，如图7-84所示。

图7-82　开始短视频拍摄

图7-83　完成第1段视频的拍摄

图7-84　进入视频编辑界面

小贴士

在"VUE Vlog"App的拍摄界面中，可以同时拍摄多段时长不等的视频素材。拍摄完成后点击界面右上角的"编辑"按钮，进入视频编辑界面，可对所拍摄的多段视频素材进行编辑处理。

3. 智能剪辑

在视频剪辑与制作界面中点击"智能剪辑"选项，如图7-85所示。进入导入素材界面，选择手机中已经拍摄好的视频或照片素材，这里最少选择3个素材，如图7-86所示。

点击界面底部的"导入"按钮，进入模板和音乐选择界面，点击选择相应的模板，点击音乐名称左右的箭头图标，可以切换背景音乐，如图7-87所示。

图7-85　点击"智能剪辑"选项　　图7-86　选择需要导入的多个素材　　图7-87　选择模板和背景音乐

点击界面右上角的"文字和排序"文字，在弹出的界面中可以为每个素材设置标题文字，并且可以调整素材的先后顺序，如图7-88所示。

点击界面中"下一步"按钮，进入视频编辑界面，在该界面中可以分别对每个素材以及素材与素材之间的转场等进行编辑设置，如图7-89所示。

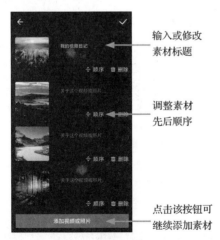

输入或修改
素材标题

调整素材
先后顺序

点击该按钮可
继续添加素材

图7-88　设置标题并调整素材顺序

图7-89　视频编辑界面

4. 主题模板

在视频剪辑与制作界面中点击"主题模板"选项，如图7-90所示。切换到"主题模板"界面，界面中显示内置的主题模板选项，如图 7-91 所示。点击选择一种主题模板，可预览该主题模板的效果，如图 7-92 所示。

图 7-90　点击"主题模板"选项　　图 7-91　"主题模板"界面　　图 7-92　预览主题模板的效果

点击"创建新游记"按钮，进入"填写目的地和时间"界面，填写旅游目的地和旅游时间，如图 7-93 所示。点击"下一步"按钮，进入"编辑视频和图片"界面，点击"+"图标，在弹出的界面中选择多个需要导入的视频或图片素材，如图 7-94 所示。

点击"导入"按钮，返回"编辑视频和图片"界面，将所添加的素材与每个日期相互对应，如图 7-95 所示。

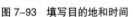

图 7-93　填写目的地和时间　　图 7-94　选择需要导入的素材　　图 7-95　"编辑视频和图片"界面

点击"下一步"按钮，进入"添加片尾信息"界面，可以输入片尾信息内容，如图 7-96 所示。点击"下一步"按钮，进入"选择片头模板"界面，点击选择一种内置的片头模板，如图 7-97 所示。点击"生成视频"按钮，程序根据模板自动对素材进行处理并生成相应的短视频，之后进入"视频编辑"界面，在该界面中我们可以继续对短视频进行相应的编辑，如图 7-98 所示。

 小贴士

使用"VUE Vlog"App 的"智能剪辑"功能，可以快速制作出卡点音乐短视频；使用"VUE Vlog"App 的"主题模板"功能，则能够快速创建出目前比较流行的主题短视频。这两个功能对初学者来说非常实用，通过简单的操作即可快速创建出精美的短视频。

图7-96 "添加片尾信息"界面

图7-97 "选择片头模板"界面

图7-98 进入"视频编辑"界面

 ## 7.2.3 使用"VUE Vlog"App进行短视频剪辑

通过前面两小节的介绍，读者对于"VUE Vlog"App 的功能已经有了基本的认识。"VUE Vlog"App 在短视频的编辑和处理方面功能非常强大，能够帮助用户制作出许多精美的短视频作品。本小节将通过一个案例，讲解如何在"VUE Vlog"App 中进行短视频的剪辑处理，并最终发布短视频作品。

微课视频

扫一扫

> **实战** **使用"VUE Vlog"App 进行短视频剪辑**
> 最终效果：资源 \ 第7章 \7-2-3.mp4。
> 视频：视频 \ 第7章 \ 使用"VUE Vlog"App 进行短视频剪辑 .mp4。

01. 打开手机中安装的"VUE Vlog"App，点击界面底部中间的"制作视频"图标，如图 7-99 所示。进入视频制作界面，该界面为用户提供了 4 种制作视频的方式，即"剪辑""拍摄""智能剪辑"和"主题模板"，如图 7-100 所示。

02. 点击"剪辑"选项，进入导入素材界面，选择手机中两段拍摄好的视频，如图 7-101 所示。点击界面底部的"导入"按钮，进入"视频编辑"界面，如图 7-102 所示。

图7-99 打开 VUE Vlog

图7-100 视频制作界面

图7-101 选择需要导入的
视频素材

图7-102 进入"视频
编辑"界面

03. 点击选择第 1 段视频素材，点击下方的"截取"图标，进入视频截取界面，如图 7-103 所示。通过拖曳时间轴两侧的控制柄来调整需要截取的视频片段，如图 7-104 所示。点击界面右上角的"√"图标，完成视频素材的截取，返回"视频编辑"界面中。

 小贴士

如果添加的多段视频素材都需要进行截取处理，则可以直接在视频截取界面中点击右下角的"下一段"文字，继续对下一段视频素材进行截取处理，而不需要返回"视频编辑"界面中重新进行操作，非常方便。

04. 点击"滤镜"选项，进入滤镜设置界面，如图 7-105 所示。点击相应的滤镜名称，即可在预览区域中看到应用滤镜的效果，选择合适的滤镜，点击界面右下角的"应用到全部分段"文字，如图 7-106 所示，将所选择的滤镜应用到所有素材片段中。

图 7-103 进入视频截取界面　图 7-104 截取需要的视频片段　图 7-105 进入滤镜设置界面　图 7-106 选择并应用滤镜

05. 返回"视频编辑"界面，点击界面底部工具栏中的"音乐"图标，在界面下方显示两个选项，可分别用于添加音乐和录音，如图 7-107 所示。点击"点击添加音乐"选择，切换到"添加音乐"界面，"VUE Vlog"App 中内置了大量不同类型的音乐供用户选择，如图 7-108 所示。

06. 点击相应的音乐类型，可以进入该音乐类型的音乐列表，点击音乐名称可以试听音乐，选择合适的音乐，点击该音乐右侧的"使用"按钮，如图 7-109 所示。返回"视频编辑"界面，将所选择的音乐加入音乐轨道中，点击界面底部的"编辑"图标，在打开的音乐编辑界面中选择音乐范围并开启音乐的淡入与淡出效果，如图 7-110 所示。

图 7-107 显示音乐选项　图 7-108 "添加音乐"界面　图 7-109 音乐列表　图 7-110 音乐编辑界面

07. 完成音乐的编辑后,点击"返回"文字,返回"视频编辑"界面,点击界面右下角的"完成"图标,如图 7-111 所示。退出音乐编辑,点击界面底部工具栏中的"边框"图标,在界面底部显示内置的多种边框效果,点击选择合适的边框,如图 7-112 所示。

08. 完成视频的编辑处理后,点击界面右上角的"下一步"按钮,切换到视频发布界面,填写视频标题和描述信息,点击"保存并发布"按钮,如图 7-113 所示,即可将编辑好的视频发布到"VUE Vlog"平台并保存到手机相册中。如果不希望把视频发布到"VUE Vlog"平台,可以点击"保存并发布"按钮左侧的"…"图标,在界面底部弹出相应的选项,如图 7-114 所示。

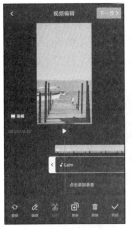   

图 7-111　"视频编辑"界面　　图 7-112　选择合适的边框　　图 7-113　视频发布界面　　图 7-114　弹出相应的选项

09. 点击"仅保存至本地"选项,即可开始渲染并输出视频,显示输出进度,如图 7-115 所示。渲染输出完成后显示"保存成功"界面,可以直接将短视频分享到主流的社交媒体平台中,如图 7-116 所示。

10. 在手机中找到刚输出的短视频,播放该短视频可以观看短视频的效果,如图 7-117 所示。

图 7-115　显示输出进度　　图 7-116　"保存成功"界面

图 7-117　观看短视频效果

7.3 使用"快影"App

"快影"App是"快手"短视频平台旗下的一款简单易用的短视频拍摄、剪辑制作软件，其强大的视频剪辑功能及丰富的音乐库、模板库等，让用户在手机上能够轻松完成视频编辑和视频创意，制作出令人惊艳的短视频效果。

↘ 7.3.1 认识"快影"App

在手机中安装"快影"App，打开"快影"App，默认显示"模板"界面。在该界面中，"快影"App为用户提供了多种不同类型的模板，如图7-118所示。点击某个模板，进入该模板的详情界面，可以预览短视频模板的效果，如图7-119所示。如果点击界面底部的"立即使用"按钮，则可以快速创建与该模板同款的短视频。

输入关键字，直接搜索相关的模板或教程

模板相关信息，包括时长、使用的素材数量等

用户头像
收藏
分享

图7-118 "模板"界面

图7-119 预览短视频模板效果

点击界面底部标签栏中的"创作"图标，进入"创作"界面，在该界面中用户可以拍摄或剪辑制作短视频，如图7-120所示。

点击界面底部标签栏中的"上热门"图标，进入"上热门"界面，该界面为用户提供了使用"快影"App剪辑制作短视频的相关教程，如图7-121所示。这些教程中，有些是官方教程，有些是其他用户自制的教程，它们对于新手用户学习如何使用"快影"App剪辑制作短视频有很大的帮助。

点击界面底部标签栏中的"我的"图标，进入"我的"界面，该界面显示了用户个人信息，以及用户收藏的模板和教程，如图7-122所示，用户可快速访问相关内容。

使用"快影"App编辑制作的短视频显示在这里

图7-120 "创作"界面

图7-121 "上热门"界面

图7-122 "我的"界面

↘7.3.2　"快影"App的基本操作

"快影"App的核心功能位于"创作"界面中,在该界面中有两个核心功能按钮,分别是"剪辑"和"拍摄"。

1. 剪辑

在"快影"App的"创作"界面中点击"剪辑"按钮,在显示的界面中可以选择手机中需要导入的视频或图片,如图7-123所示。点击界面顶部的"素材库"文字,可以切换到"素材库"选项卡中,在该选项卡中有许多"快影"官方提供的素材,用户可以选择下载使用,如图7-124所示。

选择"视频"选项,在界面中只显示手机相册中的视频素材

选择"照片"选项,在界面中只显示手机相册中的照片素材

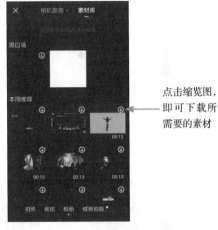

点击缩览图,即可下载所需要的素材

图7-123　"相机胶卷"选项卡　　图7-124　"素材库"选项卡

切换到"相机胶卷"选项卡中,选择需要导入的视频或图片素材,如图7-125所示。点击"完成"按钮,即可进入视频编辑界面,如图7-126所示。

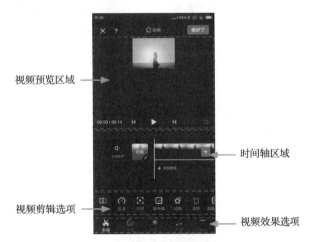

视频预览区域

时间轴区域

视频剪辑选项

视频效果选项

图7-125　选择需要导入的素材　　图7-126　视频编辑界面

视频编辑界面中素材的编辑操作方法以及各种效果的添加方法与之前介绍的"剪映"App和"VUE Vlog"App的操作方法基本相同,这里不再做过多介绍,读者可以自己动手进行尝试。

2. 拍摄

在"快影"App的"创作"界面中点击"拍摄"按钮,进入视频拍摄界面,如图7-127所示。点击界面底部的"拍照"文字,可以切换到拍照模式,在该模式下可以拍摄照片,如图7-128所示。

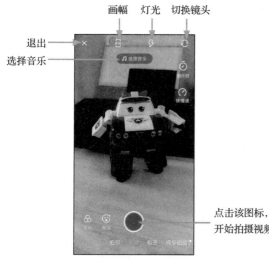

画幅　灯光　切换镜头

退出

选择音乐

点击该图标，
开始拍摄视频

图 7-127　视频拍摄界面

点击该图标，
开始拍摄照片

图 7-128　拍照模式

　　点击界面底部的"相册"文字，进入相册素材选择界面，可以选择手机相册中的视频或图片素材，如图 7-129 所示。

　　点击界面底部的"模板拍摄"文字，切换到"模板拍摄"模式，可以将自拍嵌入模板中，如图 7-130 所示。点击"选择模板"图标，在界面底部显示内置的众多模板，用户可以选择自己喜欢的模板进行拍摄，如图 7-131 所示。

图 7-129　相册素材选择界面

选择视频
拍摄速度

图 7-130　"模板拍摄"模式

图 7-131　显示内置的模板

↘ 7.3.3　使用"快影"App 中的模板快速制作短视频

　　"快影"App 与"剪映"App 非常相似，它们都是功能全面的短视频剪辑制作 App。"快影"App 内置了丰富的模板，用户通过模板能够快速地制作出当下流行的炫酷短视频作品。本小节将通过一个案例讲解如何使用"快影"App 中的模板快速制作短视频。

微课视频

扫一扫

实战

使用"快影"App 中的模板快速制作短视频

最终效果：资源 \ 第 7 章 \7-3-3.mp4。

视频：视频 \ 第 7 章 \ 使用"快影"App 中的模板快速制作短视频 .mp4。

01.　打开手机中安装的"快影"App，默认显示"模板"界面，该界面为用户提供了多种不同类型的模板，如图7-132所示。在界面顶部左右滑动选择相应的模板类型，例如这里点击"大片"文字，切换到"大片"模板类型中，上下滑动界面，可以浏览该类型中的短视频模板，如图7-133所示。

图7-132　"模板"界面　　　　　　图7-133　"大片"模板类型

02.　点击选择需要使用的模板，即可进入模板详情界面，预览模板效果，如图7-134所示。点击界面底部的"立即使用"按钮，切换到素材选择界面，界面底部会提示用户该模板需要几段素材，以及每段素材的持续时间是多长，如图7-135所示。

图7-134　预览模板效果　　　　　　图7-135　选择素材界面

 小贴士

在模板详情界面中观看模板效果时，可以通过上下滑动操作来切换所观看的模板，从而找到自己喜欢的短视频模板。

03.　在选择素材界面中依次点击选择所需要的素材，如图7-136所示。点击"选好了"按钮，模板中相应的素材被自动替换，切换到短视频预览界面，如图7-137所示。

图 7-136　依次选择相应的素材　　　图 7-137　短视频预览界面

04. 在界面底部点击选择相应的素材，点击"点击编辑"选项，进入素材编辑界面，可以调整素材的显示区域或者替换素材，如图 7-138 所示。在预览界面中点击"编辑文字"按钮，可以切换到编辑文字界面，拖曳文本框可以调整文本框的位置，点击文本框可以对文字内容进行修改，如图 7-139 所示。

图 7-138　素材编辑界面　　　　　　图 7-139　编辑文字界面

05. 在预览界面中点击"水印"文字（见图 7-137），在界面底部弹出的窗口中显示内置的水印效果供用户选择，如图 7-140 所示。完成短视频的编辑处理后，点击预览界面右上角的"做好了"按钮，在界面底部弹出导出选项，如图 7-141 所示。

06. 点击"直接导出"选项，即可开始渲染并导出视频，显示导出进度，如图 7-142 所示。渲染导出完成后显示导出完成界面，可以直接将短视频分享到主流的社交媒体平台中，如图 7-143 所示。

图 7-140　选择水印样式　　图 7-141　显示导出选项　　图 7-142　显示导出进度　　图 7-143　导出完成界面

07. 在手机中找到刚导出的短视频，播放该短视频以观看其效果，如图7-144所示。

图7-144　观看短视频效果

7.4　使用"小影"App

"小影"App是一款全能、简易的手机视频剪辑App，易于上手。使用"小影"App可以轻松地对视频进行修剪、变速和配乐等操作，也可以一键生成主题视频，还可以为视频添加胶片滤镜、字幕、贴纸、视频特效、转场等。

↘ 7.4.1　认识"小影"App

打开手机中安装的"小影"App，默认进入的是"剪辑"界面，该界面提供了"小影"App的核心功能，如图7-145所示。

点击界面上方的"视频编辑"按钮，切换到手机素材选择界面，并自动切换到"视频"选项卡中，便于用户选择手机相册中存储的视频素材，如图7-146所示。

点击界面上方的"草稿"按钮，切换到"我的作品"界面，并自动切换到"草稿"选项卡中，如图7-147所示。

重点是视频编辑功能，点击相应的图标，可以选择视频素材并进行相应的编辑处理

图7-145　"剪辑"界面

图7-146　选择视频素材界面

图7-147　"我的作品"界面

小贴士

"我的作品"界面的"草稿"选项卡中存储的是用户用"小影"App制作的短视频，用户可以非常方便地进行再次编辑处理。

点击界面上方的"相册MV"按钮，切换到手机素材选择界面，并自动切换到"照片"选项卡中，便于用户选择手机相册中存储的照片素材，并快速创作出电子相册，如图7-148所示。

点击界面中"素材中心"栏目右侧的"查看更多"文字（见图7-145），可以切换到"素材中心"界面，该界面为用户提供了最新的不同类型的素材，如图7-149所示。点击某个素材类型，进入该素材类型列表界面，再点击相应的素材缩览图，即可预览该素材的效果，如图7-150所示。

图7-148　选择照片素材界面

图7-149　"素材中心"界面

图7-150　预览素材效果

点击界面底部标签栏中的"热门模板"图标，可以切换到"热门模板"界面中，该界面包含"模板"和"教程"两个选项卡。"模板"选项卡中为"小影"App提供的短视频模板，如图7-151所示。点击某个模板缩览图，即可进入该模板的预览界面中预览模板效果，如图7-152所示，点击"立即使用"按钮，可以使用该模板制作同款的短视频。"教程"选项卡中为"小影"App提供的短视频剪辑制作教程，如图7-153所示，便于用户学习如何使用"小影"App进行短视频的剪辑制作。

图7-151　"模板"选项卡

图7-152　预览模板效果

图7-153　"教程"选项卡

在"剪辑"界面中点击界面上方的"视频编辑"按钮，或者点击界面底部标签栏中的"剪辑"图标，都可以切换到手机素材选择界面，点击选择一个或多个手机相册中的视频或照片素材，如图7-154所示。点击"下一步"按钮，即可进入视频剪辑制作界面，如图7-155所示。

视频剪辑制作界面中素材的编辑操作方法以及各种效果的添加方法与之前介绍的"剪映"App和"VUE Vlog"App的操作方法相似。

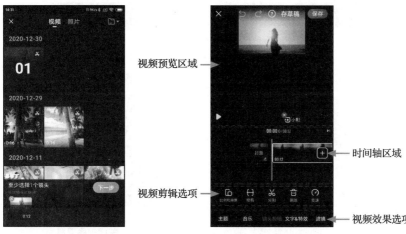

视频预览区域

时间轴区域

视频剪辑选项

视频效果选项

图 7-154　选择需要制作的素材　　　　图 7-155　视频剪辑制作界面

7.4.2 使用"小影"App制作短视频

微课视频

扫一扫

使用"小影"App 进行短视频的剪辑制作的方法与使用"剪映"App 相似，如果读者已经熟练掌握了使用"剪映"App 对短视频进行剪辑制作的方法，那么也能够使用"小影"App 进行短视频的剪辑制作。本小节将带领读者使用"小影"App 来剪辑制作一个短视频，从而使读者掌握"小影"App 的操作方法。

实战

使用"小影"App 制作短视频

最终效果：资源 \ 第 7 章 \7-4-2.mp4。

视频：视频 \ 第 7 章 \ 使用"小影"App 制作短视频 .mp4。

01. 打开手机中安装的"小影"App，点击"视频编辑"按钮，如图 7-156 所示。切换到素材选择界面，点击选择需要编辑制作的短视频素材，如图 7-157 所示。

图 7-156　点击"视频编辑"按钮

图 7-157　选择需要编辑的短视频素材

02. 点击"下一步"按钮，进入短视频编辑界面，如图 7-158 所示。点击界面底部的"音乐"文字，在界面中显示音乐设置选项，点击"原声已开启"图标，关闭视频原声，点击"添加音乐"文字，如图 7-159 所示。

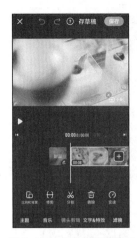 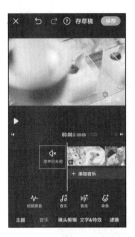

图 7-158　短视频编辑界面　　　　　　图 7-159　关闭视频原声

03. 切换到选择音乐界面，并切换到"纯音乐"分类中，点击音乐名称可以试听音乐，如果需要使用某个音乐，可以点击该音乐名称右侧的下载图标，显示"使用"按钮，如图 7-160 所示。点击需要使用的音乐名称右侧的"使用"按钮，即可将所选择的音乐加入时间轴中，如图 7-161 所示。

图 7-160　点击选择需要使用的音乐　　　　　　图 7-161　将音乐添加到时间轴中

 小贴士

点击选择时间轴中所添加的音乐，在界面底部的工具栏中显示音频素材的相关编辑工具图标，音频素材的编辑处理方法与前面所介绍的"剪映"App 中音频素材的编辑处理方法基本相同。

04. 完成背景音乐的添加后，点击界面底部左侧的返回箭头图标，返回主工具栏中，点击"文字 & 特效"文字，显示文字和特效设置选项，如图 7-162 所示。点击"字幕"图标，切换到添加字幕界面，输入文字内容，如图 7-163 所示。

05. 在预览区域中可以拖曳调整文字的位置以及文字的大小，如图 7-164 所示。点击"样式"图标，显示内置的文字样式，点击选择相应的文字样式，如图 7-165 所示。点击"字体"图标，可以对文字的字体、文字颜色、描边颜色和阴影进行设置，效果如图 7-166 所示。

06. 完成文字的输入和设置之后，点击"√"图标，自动将文字添加到时间轴中，如图7-167所示。在时间轴区域进行左右滑动，找到视频场景切换的位置，调整文字的持续时长到视频场景切换的位置，如图7-168所示。

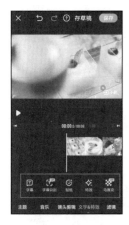

图 7-162　显示文字和
特效设置选项

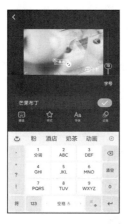

图 7-163　输入文字

图 7-164　设置文字
大小和位置

图 7-165　应用文字样式

图 7-166　设置文字的
字体相关选项

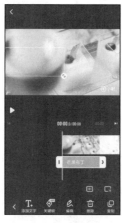

图 7-167　将文字添加
到时间轴

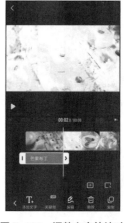

图 7-168　调整文字持续时长

07. 点击界面底部工具栏中的"添加文字"图标，在弹出的界面中输入文字，如图7-169所示。点击"√"图标，将文字加入时间轴中，调整文字到合适的时长，在预览区域可以拖曳调整文字位置，如图7-170所示。

08. 使用相同的制作方法，可以继续完成其他文字内容的添加，如图7-171所示。点击界面底部工具栏中的"滤镜"文字，在界面底部显示滤镜相关选项，如图7-172所示。

09. 点击滤镜选项缩览图，即可在预览区域看到应用该滤镜的效果，如图7-173所示。选择合适的滤镜后，点击界面右下角的"√"图标，完成滤镜添加。完成短视频的制作，点击界面右上角的"保存"按钮，在界面底部显示导出选项，如图7-174所示。

10. 点击"普通480P"选项，即可开始渲染并导出视频，显示导出进度，如图7-175所示。渲染导出完成后显示导出完成界面，可以直接将短视频分享到主流的社交媒体平台中，如图7-176所示。

图 7-169　输入文字　图 7-170　调整文字时长和位置　图 7-171　输入其他文字　图 7-172　显示滤镜选项

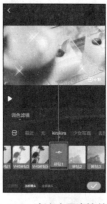   

图 7-173　点击应用滤镜效果　图 7-174　显示导出选项　图 7-175　显示导出进度　图 7-176　导出完成界面

11.　在手机中找到刚输入的短视频，播放该短视频可以看到短视频的效果，如图 7-177 所示。

图 7-177　观看短视频效果

7.5　本章小结

本章向读者介绍了几款移动端短视频剪辑制作 App，每款 App 都有其特点，每款 App 的操作方法都与上一章中详细介绍的"剪映" App 的操作方法相似。除了本章所介绍的几款短视频剪辑制作 App，还有其他的短视频剪辑制作 App，感兴趣的读者可以安装尝试，充分掌握短视频剪辑制作的方法和技巧。

第8章

使用Premiere制作短视频

　　Premiere 是 Adobe 公司推出的一款基于 PC 端的视频后期编辑处理软件，广泛应用于短视频编辑、电视节目制作和影视后期处理等方面。使用 Premiere 软件可以精确控制视频作品的每个帧，视频画面编辑质量优良。Premiere 软件具有良好的兼容性，是目前视频后期处理中使用广泛的软件之一。

　　本章将向读者介绍 Premiere 软件的基本操作方法以及各部分重要的功能，目的在于使读者掌握使用 Premiere 对短视频进行后期编辑处理的方法以及特效的制作方法。

8.1 Premiere 的基本操作

在使用 Premiere 进行视频剪辑处理之前，读者首先需要认识 Premiere 的工作界面以及软件的基本操作，以便更顺利地学习和使用该软件。

↘ 8.1.1 认识Premiere的工作界面

完成 Adobe Premiere Pro CC 2018 软件的安装，双击启动图标，即可启动 Adobe Premiere Pro CC 2018，启动界面如图 8-1 所示。完成 Adobe Premiere Pro CC 2018 的启动之后，显示"开始"窗口，该窗口为用户提供了项目的基本操作按钮，如图 8-2 所示，包括"新建项目""打开项目"等，单击相应的按钮，可以快速进行相应的项目操作。

图 8-1　启动界面　　　　　　　　图 8-2　"开始"窗口

Premiere 采用了面板式的操作环境，整个工作界面由多个活动面板组成，视频的后期编辑处理就是在各种面板中进行的。Premiere 的工作界面主要由菜单栏、工作界面布局、监视器窗口、"项目"面板、"工具"面板、"时间轴"面板、"音频仪表"面板等部分组成，如图 8-3 所示。

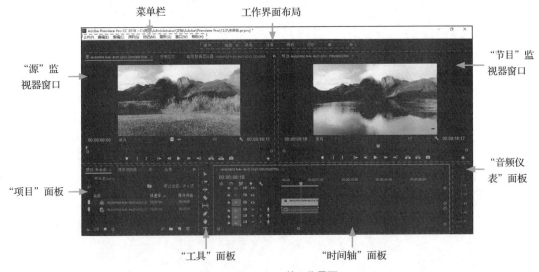

图 8-3　Premiere 的工作界面

1. 菜单栏

Premiere 的菜单栏包含 8 个菜单选项，分别是"文件""编辑""剪辑""序列""标记""图形""窗口"和"帮助"，如图 8-4 所示。只有在选中可操作的相关素材元素之后，菜单中的相关命令才能被激活，否则是灰色不可用状态。

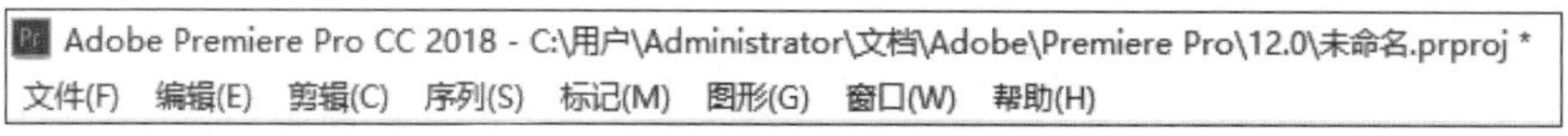

图 8-4　Premiere 的菜单栏

2. 工作界面布局

Premiere 为用户提供了 7 种工作界面布局方式，包括"组件""编辑""颜色""效果""音频""图形"和"库"，默认的工作界面布局方式为"编辑"，如图 8-5 所示。单击相应的名称，即可将工作界面切换到相应的布局方式。

图 8-5　工作界面布局方式

3. 监视器窗口

Premiere 包含两个监视器窗口，分别是"源"监视器窗口和"节目"监视器窗口。"节目"监视器窗口主要用来显示视频剪辑处理后的最终效果，如图 8-6 所示。"源"监视器窗口主要用来预览和修剪素材，如图 8-7 所示。

图 8-6　"节目"监视器窗口

图 8-7　"源"监视器窗口

4. "项目"面板

"项目"面板用于对素材进行导入和管理，如图 8-8 所示。该面板中可以显示素材的属性信息，包括素材缩略图、类型、名称、颜色标签、出入点等，用户也可以在该面板中为素材执行新建、分类、重命名等操作。

5. "工具"面板

"工具"面板中提供了多种可以对素材进行添加、分割、增加或删除关键帧等操作的工具，如图 8-9 所示。

图 8-8　"项目"面板

图 8-9　"工具"面板

6. "时间轴"面板

"时间轴"面板是 Premiere 的核心部分，如图 8-10 所示。在该面板中，用户可以按照时间顺序排列和连接各种素材，实现对素材的剪辑、插入、复制、粘贴等操作，也可以叠加图层、设置动画的关键帧以及合成效果等。

7. "音频仪表"面板

在"音频仪表"面板中可以对"时间轴"面板音频轨道中的音频素材进行相应的设置，例如音频的高低、左右声道等。

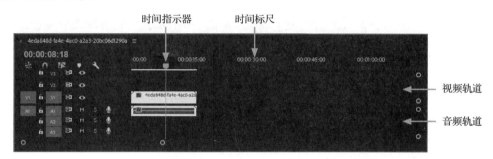

图 8-10 "时间轴"面板

↘ 8.1.2 创建项目文件和序列

项目是一种单独的 Premiere 文件，包含了序列以及组成序列的素材，如视频、图片、音频、字幕等。项目文件还保存着图像采集设置、切换和音频混合、编辑结果等信息。在 Premiere 中，所有的编辑任务都是通过项目的形式存在和呈现的。

Premiere 的一个项目文件是由一个或多个序列组成的，最终输出的影片包含了项目中的序列。序列对项目极其重要，因此，熟练掌握序列的操作至关重要。下面介绍如何在 Premiere 中创建项目文件和序列。

1. 创建项目文件

启动 Premiere Pro CC 2018 软件后，可以在"开始"窗口中单击"新建项目"按钮，也可以执行"文件 > 新建 > 项目"命令，弹出"新建项目"对话框，如图 8-11 所示。在"名称"选项后的文本框中输入项目名称，单击"位置"选项后的"浏览"按钮，选择项目文件的保存位置，其他选项可以采用默认设置，如图 8-12 所示。单击"确定"按钮，即可创建一个新的项目文件。在项目文件的保存位置可以看到自动创建的 Premiere 项目文件，如图 8-13 所示。

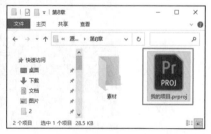

图 8-11 "新建项目"对话框　　图 8-12 设置项目名称和保存位置　　图 8-13 创建的 Premiere 项目文件

小贴士

打开项目文件可以执行"文件＞打开"命令，或者执行"文件＞打开最近使用的内容"命令。在"打开最近使用的内容"命令的二级菜单中，会显示用户最近一段时间编辑过的项目文件。

2. 创建序列

完成项目文件的创建之后，接下来需要在该项目文件中创建序列。执行"文件＞新建＞序列"命令，或者单击"项目"面板上的"新建项"图标█，在弹出的菜单中选择"序列"命令，如图8-14所示。弹出"新建序列"对话框，如图8-15所示。

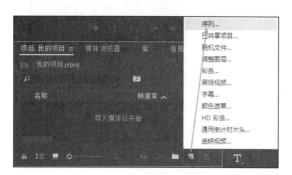

图8-14　选择"序列"命令

图8-15　"新建序列"对话框

在"新建序列"对话框中，默认显示的是"序列预设"选项卡，该选项卡中罗列了诸多预设方案，单击选择某一方案后，在对话框右侧的列表框中可以查看相应的方案描述及详细参数。由于我国采用的是PAL电视制式，因此在新建项目时，一般选择DV-PAL制式中的"标准48kHz"模式。

选择"设置"选项卡，可以在预设方案的基础上，进一步修改相关设置和参数，如图8-16所示。单击"确定"按钮，完成"新建序列"对话框的设置。在"项目"面板中可以看到所创建的序列，如图8-17所示。

图8-16　"设置"选项卡

图8-17　"项目"面板

↘ 8.1.3　导入素材

在 Premiere 中进行视频编辑处理时，首先需要将视频、图片、音频等素材导入"项目"面板中，然后进行编辑处理。

如果需要将素材导入 Premiere 中，可以执行"文件 > 导入"命令，或者在"项目"面板的空白位置双击，弹出"导入"对话框，选择需要导入的素材文件，如图 8-18 所示，单击"打开"按钮，即可将所选择的素材文件导入"项目"面板中。

双击"项目"面板中的素材，可以在"源"监视器窗口中查看该素材的效果，如图 8-19 所示。

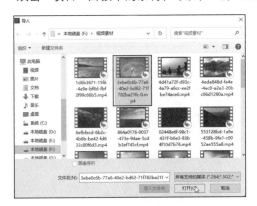

图 8-18　"导入"对话框

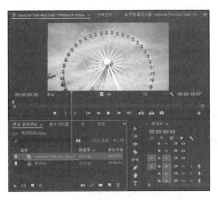

图 8-19　导入素材并查看效果

小贴士

在"导入"对话框中可以同时选中多个需要导入的素材，实现将选中的多个素材同时导入"项目"面板中，也可以单击"导入"对话框中的"导入文件夹"按钮，实现整个文件夹素材的导入。

↘ 8.1.4　保存与输出操作

在 Premiere 中完成项目文件的编辑操作之后，需要将其进行保存。

执行"文件 > 保存"命令，或按快捷键 Ctrl+S，可以对项目文件进行覆盖保存。

执行"文件 > 另存为"命令，弹出"保存项目"对话框，可以通过设置新的存储路径和项目文件名称进行保存。

执行"文件 > 保存副本"命令，弹出"保存项目"对话框，可以将项目文件以副本的形式进行保存。

完成项目文件的编辑处理之后，还需要将项目文件导出为视频文件，当然在 Premiere 中还可以将项目文件导出为其他形式的文件。

执行"文件 > 导出 > 媒体"命令，弹出"导出设置"对话框，如图 8-20 所示。在该对话框的右侧可以设置导出媒体的格式、文件名称、输出位置、模式预设、效果、视频、音频、字幕、发布等信息。

设置完毕，单击"导出"按钮，即

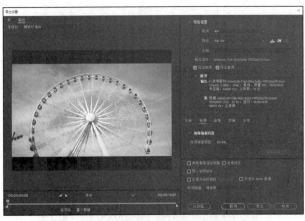

图 8-20　"导出设置"对话框

可将制作好的项目文件导出为视频文件。

完成项目文件的编辑制作后，执行"文件 > 关闭项目"命令，可以关闭当前所制作的项目文件。

8.1.5 制作简单的画中画效果

认识了 Premiere 软件的工作界面，并且学习了 Premiere 的基本操作，接下来通过一个简单的画中画效果案例的制作，使大家能够更加熟悉在 Premiere 软件中进行视频后期编辑处理的基本操作流程。

制作简单的画中画效果

最终效果：资源 \ 第 8 章 \8-1-5.prproj。

视频：视频 \ 第 8 章 \ 制作简单的画中画效果 .mp4。

01. 执行"文件 > 新建 > 项目"命令，弹出"新建项目"对话框，设置项目文件的名称和位置，如图 8-21 所示。单击"确定"按钮，新建项目文件。执行"文件 > 新建 > 序列"命令，弹出"新建序列"对话框，在预设列表中选择"DV-PAL"选项中的"标准 48kHz"选项，如图 8-22 所示。单击"确定"按钮，新建序列。

图 8-21 "新建项目"对话框

图 8-22 "新建序列"对话框

02. 双击"项目"面板的空白位置，弹出"导入"对话框，同时选中需要导入的多个不同类型的素材文件，如图 8-23 所示，单击"打开"按钮。将选中的多个素材导入"项目"面板中，如图 8-24 所示。

图 8-23 选择需要导入的多个素材文件

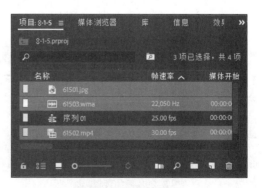

图 8-24 "项目"面板

小贴士

如果需要导入的是 .mov 格式的视频素材，则系统需要安装 QuickTime，否则无法导入 .mov 格式的视频素材。

03. 在"项目"面板中将 61501.jpg 图像素材拖曳到"时间轴"面板中的 V1 轨道，将 61502.mp4 视频素材拖曳到"时间轴"面板中的 V2 轨道，如图 8-25 所示。选择 V1 轨道中的图像素材，将鼠标指针移至其持续时间的右侧，拖曳调整其持续时间与视频素材的持续时间相同，如图 8-26 所示。

图 8-25 将素材分别拖入时间轴中　　　　图 8-26 调整图像素材的持续时间

04. 单击选择 V2 轨道中的视频素材，在"节目"监视器窗口中的视频素材上双击，显示蓝色的调节框，如图 8-27 所示。拖曳蓝色调节框上的调节点，调整视频素材的大小，并将其调整到合适的位置，如图 8-28 所示。

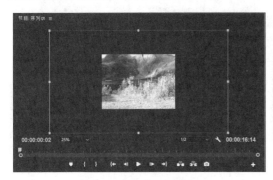

图 8-27 显示素材调节框　　　　图 8-28 调整视频素材的大小和位置

05. 在"项目"面板中将 61503.wma 音频素材拖曳到"时间轴"面板中的 A1 轨道，添加音频，如图 8-29 所示。选择 A1 轨道中的音频素材，单击"工具"面板中的"剃刀工具"图标 ◊，在需要分割的位置单击，将音频分割为两段，如图 8-30 所示。

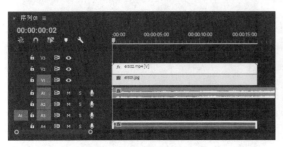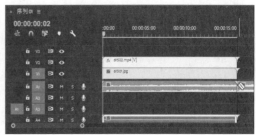

图 8-29 添加音频素材　　　　图 8-30 分割音频素材

06. 使用"选择工具"，选择A1轨道中分割后的后半段音频素材，按Delete键将其删除，如图8-31所示。选择"节目"监视器窗口，执行"文件 > 导出 > 媒体"命令，弹出"导出设置"对话框，在"格式"下拉列表中选择"H.264"选项，单击"输出名称"选项后的文字，设置输出的文件名称和位置，如图8-32所示。

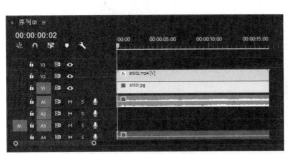

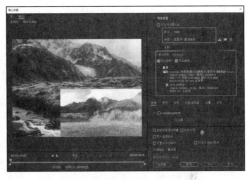

图8-31 删除不需要的音频素材　　　　　　　　图8-32 设置"导出设置"对话框

07. 单击"导出"按钮，即可按照设置将项目文件导出为相应的视频文件，如图8-33所示。使用视频播放器观看该画中画视频的效果，如图8-34所示。

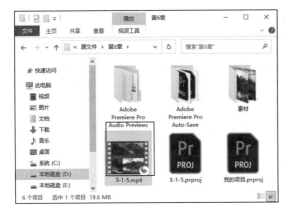

图8-33 导出的视频文件　　　　　　　　图8-34 观看视频效果

8.2 视频素材剪辑操作

Premiere是一款非线性编辑软件，它通过各种剪辑技术对素材进行分割、拼接和重组，最终形成完整的作品。

↘ 8.2.1 认识监视器

监视器窗口包括"源"监视器窗口和"节目"监视器窗口，这两个窗口是视频后期剪辑处理的主要"阵地"。为了帮助读者提高工作效率，本小节对这两个监视器窗口进行简单介绍。

双击"项目"面板中需要编辑的视频素材，"源"监视器窗口中会显示该素材，如图8-35所示。

"源"监视器窗口底部的功能操作按钮从左至右依次是"添加标记"按钮■、"标记入点"按钮■、"标记出点"按钮■、"转到入点"按钮■、"后退一帧"按钮■、"播放 – 停止切换"按钮■、"前进一帧"按钮■、"转到出点"按钮■、"插入"按钮■、"覆盖"按钮■和"导出帧"按钮■。

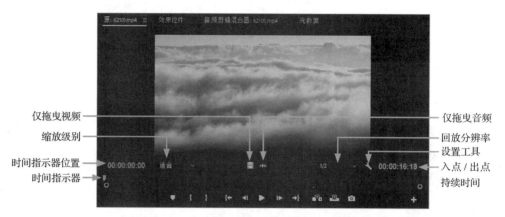

仅拖曳视频
缩放级别
时间指示器位置
时间指示器

仅拖曳音频
回放分辨率
设置工具
入点 / 出点
持续时间

图 8-35　"源"监视器窗口

　　"节目"监视器窗口与"源"监视器窗口非常相似，如图 8-36 所示。序列上没有素材时，在"节目"监视器窗口中显示黑色，只有序列上放置了素材，在该窗口中才会显示素材的内容，这个内容就是最终导出的节目内容。

　　"节目"监视器窗口底部的功能操作按钮与"源"监视器窗口基本相同，但有两个例外，它们就是"提升"按钮 和"提取"按钮 。

　　单击"节目"监视器窗口的"提升"按钮 ，在"节目"监视器窗口中选取的素材片段在"时间轴"面板的轨道被删除，原位置内容空缺，等待新内容的填充，如图 8-37 所示。

图 8-36　"节目"监视器窗口

　　单击"节目"监视器窗口的"提取"按钮 ，在"节目"监视器窗口中选取的素材片段在"时间轴"面板的轨道中被删除，后面的素材前移及时填补空缺，如图 8-38 所示。

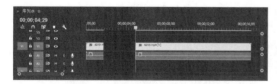

图 8-37　单击"提升"按钮的效果

图 8-38　单击"提取"按钮的效果

　　单击"源"监视器窗口中的"插入"按钮 ，在"时间轴"面板的当前时间位置之后插入选取的素材片段，当前时间位置之后的原有素材自动向后移动，节目总时间变长。

　　单击"源"监视器窗口中的"覆盖"按钮 ，在"时间轴"面板的当前时间位置使用选取的素材片段替换原有素材。如果选取的素材片段时长没有超过当前时间位置之后的原素材的时长，节目总时长不变；反之，节目总时长为当前时长加上选取的素材片段时长。

　　通过以上对比可以了解到，"源"监视器窗口是对"项目"面板中的素材进行剪辑的，并将剪辑得到的素材插入"时间轴"面板中；而"节目"监视器窗口是对"时间轴"面板中的素材直接进行剪辑的。"时间轴"面板中的内容通过"节目"监视器窗口显示出来，也是最终导出的视频内容。

↘8.2.2　剪辑视频素材

单击"源"监视器窗口底部的"播放"按钮▶，可以观看视频素材。拖曳时间指示器至3秒18帧的位置，单击"标记入点"按钮，如图8-39所示，即可完成素材入点的设置。拖曳时间指示器至4秒29帧的位置，单击"标记出点"按钮，如图8-40所示，即可完成素材出点的设置。

图 8-39　设置视频素材入点位置

图 8-40　设置视频素材出点位置

 小贴士

使用鼠标拖曳时间指示器时，不能拖曳得很精确，可以借助"前进一帧"按钮▶或"后退一帧"按钮◀，进行精确的调整。

单击"源"监视器窗口底部的"插入"按钮，即可将入点与出点之间的视频素材插入"时间轴"面板的V1轨道中，如图8-41所示。在"源"监视器窗口中拖曳时间指示器至10秒08帧的位置，单击"标记入点"按钮，如图8-42所示。

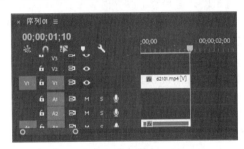

图 8-41　插入截取的视频素材

图 8-42　设置视频素材入点位置

拖曳时间指示器至13秒04帧的位置，单击"标记出点"按钮，如图8-43所示，完成视频素材中需要部分的截取。在"时间轴"面板中确认时间指示器位于第1段视频素材结束位置，单击"源"监视器窗口底部的"插入"按钮，即可将入点与出点之间的视频素材插入"时间轴"面板的V1轨道中，如图8-44所示，完成第2段视频素材的插入。

图 8-43　设置视频素材出点位置

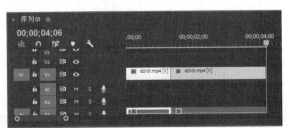

图 8-44　插入截取的第2段视频素材

小贴士

在"源"监视器窗口中设置素材的入点和出点，在"时间轴"面板中确定需要插入素材的位置，然后单击"源"监视器窗口中的"插入"按钮🔳，将选取的素材插入时间轴中，这种方法通常称为"三点编辑"。

↘ 8.2.3　视频编辑工具

默认情况下，"工具"面板位于"项目"面板与"时间轴"面板之间，用户可以根据自己的习惯调整"工具"面板的位置。

1．认识视频编辑工具

"工具"面板中包含了多个可用于视频编辑操作的工具，详细介绍如下。

"选择工具"▶：使用该工具可以选择素材，可以将选择的素材拖曳至其他轨道等。

"向前选择轨道工具"▸▸：当"时间轴"面板中的某一条轨道中包含多个素材时，单击该按钮，可以选中当前所选择素材右侧的所有素材片段。

"向后选择轨道工具"◂◂：当"时间轴"面板中的某一条轨道中包含多个素材时，单击该按钮，可以选中当前所选择素材左侧的所有素材片段。

"波纹编辑工具"◂▸：使用该工具，将鼠标指针移至单个视频素材的开始或结束位置时，可以拖曳调整选中的视频长度，前方或后方的素材片段在编辑后会自动吸附（注：修改的范围不能超出原视频的范围）。

"滚动编辑工具"⯠：使用该工具，可以在不影响轨道总长度的情况下，调整其中某个视频的长度（缩短其中一个视频的长度，其他视频变长；加长其中一个视频的长度，其他视频变短）。需要注意的是，使用该工具时，视频必须已经修改过长度，有足够的剩余时间来进行调整。

"比率拉伸工具"▦：使用该工具，可以将原有的视频素材拉长，视频播放就变成了慢动作。将视频长度变短，视频效果就类似于快进播放的效果。

"剃刀工具"◇：使用该工具，在素材上合适的位置单击，可以在单击的位置分割素材。

"外滑工具"↤↦：对于已经调整过长度的视频，在不改变视频长度的情况下，使用该工具在视频上进行拖曳，可以变换视频区间。

"内滑工具"⬌：使用该工具在视频素材上拖曳，选中的视频长度不变，变换剩余的视频长度。

"钢笔工具"✎：使用该工具，可以在"节目"监视器窗口绘制各种形状的图形。在该工具中还包含两个隐藏工具——"矩形工具"和"椭圆工具"，分别用于绘制矩形和椭圆形。

"手形工具"✋：使用该工具，可以在"时间轴"面板和监视器窗口中进行拖曳预览。

"缩放工具"🔍：使用该工具，在"时间轴"面板中单击可以放大时间轴，按住 Alt 键单击可以缩小时间轴。

"文字工具"T：使用该工具，在"节目"监视器窗口单击可以输入文字。在该工具中还包含"垂直文字工具"，可用于输入竖排文字。

2．使用波纹 / 滚动编辑工具

人们经常用"波纹编辑工具"◂▸和"滚动编辑工具"⯠替代"剃刀工具"◇，因为用这两个工具对素材进行精剪比用"剃刀工具"◇更方便、更直观。

将两段视频素材拖入"时间轴"面板中的视频轨，节目的总时长为 6 秒 02 帧。使用"波纹编辑工具"◂▸，将鼠标指针移至第 1 段视频素材的结束位置，鼠标指针变为黄色的箭头形状，如图 8-45 所示。按住鼠标左键并向左拖曳到适当的位置释放鼠标，第 1 段视频素材的出点前移，与第 2 段视频素材的入点紧紧贴紧，整个节目总时长变短，如图 8-46 所示。

图 8-45　鼠标指针效果

图 8-46　调整第 1 段视频素材的出点

使用"波纹编辑工具" ，将鼠标指针移至第 2 段视频素材的起始位置，当鼠标指针变为黄色的箭头形状时，按住鼠标左键并向右拖曳到适当的位置释放鼠标，第 2 段视频素材的入点后移，整个节目的总时长也随着变化，如图 8-47 所示。

图 8-47　拖曳调整第 2 段视频素材的入点位置

使用"滚动编辑工具"，将鼠标指针移至第 1 段视频素材与第 2 段视频素材之间的位置，按住鼠标左键拖曳时，可以同时调整第 1 段视频素材的出点位置和第 2 段视频素材的入点位置，但节目的总时长是不变的，如图 8-48 所示。

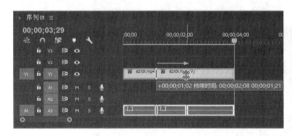

图 8-48　同时调整第 1 段素材的出点和第 2 段素材的入点

3. 使用外滑 / 内滑工具

"外滑工具"和"内滑工具"在视频编辑过程中也是经常被使用的一组工具。这两个工具使用的前提是选中的视频剪辑已经调整了长度。

（1）使用"外滑工具"

使用"外滑工具"在选中的素材上左右拖曳，可以改变选中素材的入点和出点，以便更好地与上下剪辑连接。

将 3 段视频素材拖入"时间轴"面板中的视频轨。使用"外滑工具"，将鼠标指针移至视频轨中第 2 段素材上方，单击并拖曳鼠标指针，在"节目"监视器窗口中会出现调整画面，如图 8-49 所示。

第 2 段素材的出点和入点随着鼠标指针的拖曳而不断变化，但左右两端第 1 段素材的出点画面与第 3 段素材的入点画面是保持不变的。通过拖曳观察第 1 段素材与第 2 段素材画面的最佳衔接点，以及第 2 段素材与第 3 段素材画面的最佳衔接点，以达到最佳视觉效果，节目的总时长是不变的。

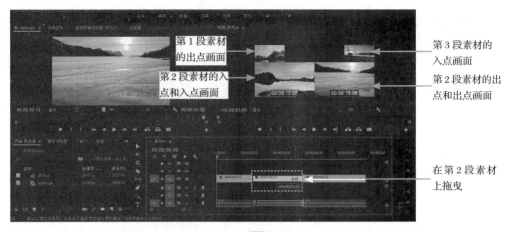

图 8-49 使用"外滑工具" [←] 拖曳调整

（2）使用"内滑工具" [+]

使用"内滑工具" [+] 在选中的素材上左右拖曳，所选中素材的出入点不变，改变的是前一个素材的出点和后一个素材的入点。

使用"内滑工具" [+]，将鼠标指针移至视频轨中第 2 段素材上方，单击并拖曳鼠标指针，在"节目"监视器窗口中会出现调整画面，如图 8-50 所示。

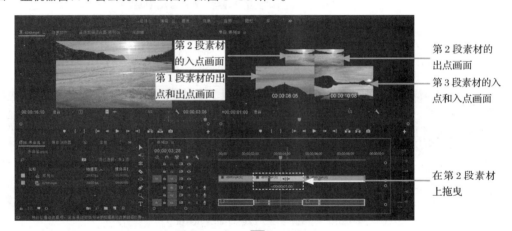

图 8-50 使用"内滑工具" [+] 拖曳调整

随着鼠标指针的拖曳，第 2 段素材的入点和出点是不变的，而左右两端第 1 段素材的出点画面和第 3 段素材的入点画面是在不断调整的。通过拖曳观察第 1 段与第 2 段素材画面的最佳衔接点，以及第 2 段与第 3 段素材画面的最佳衔接点，以达到最佳视觉效果，节目的总时长是不变的。

↘ 8.2.4 修改素材播放速度

执行"剪辑 > 速度 / 持续时间"命令，可以在弹出的对话框中设置视频剪辑播放的时长或比率，而使用"比率伸缩工具" [⇄] 比使用它更直观、更简便。使用"比率伸缩工具" [⇄] 将原有的视频长度拉长，视频播放速度就会变慢，实现慢动作效果；把视频长度压缩变短，视频播放速度就会变快，实现快速播放效果。

例如，将"项目"面板中的视频素材拖入"时间轴"面板中的视频轨，该视频素材的总时长为 16 秒 17 帧，如图 8-51 所示。使用"比率伸缩工具" [⇄]，将鼠标指针移至视频素材结束位置，按住鼠标左键向左拖曳鼠标指针，如图 8-52 所示。

图 8-51　将视频素材拖入视频轨　　　图 8-52　使用"比率伸缩工具"[icon]进行拖曳调整

将视频素材时长压缩至 8 秒 10 帧，释放鼠标左键，完成视频素材的调整，如图 8-53 所示。在"节目"监视器窗口中单击"播放"按钮，预览视频效果，可以发现视频的播放速度明显加快，如图 8-54 所示。

图 8-53　完成视频素材的调整　　　图 8-54　预览视频效果

使用"比率伸缩工具"[icon]，将鼠标指针移至视频素材结束位置，按住鼠标左键向左拖曳鼠标指针，将视频素材时长延长至 1 分钟，释放鼠标左键，如图 8-55 所示。在"节目"监视器窗口中单击"播放"按钮，预览视频效果，可以发现视频的播放速度明显变慢。

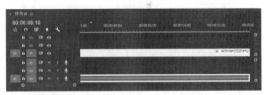

图 8-55　使用"比率伸缩工具"[icon]进行拖曳调整

使用"选择工具"，选择视频轨中的视频素材，执行"剪辑 > 速度 / 持续时间"命令，弹出"剪辑速度 / 持续时间"对话框，如图 8-56 所示。在该对话框中可以精确地设置视频素材播放速度的百分比和持续时间，从而实现快放和慢放的效果。在"剪辑速度 / 持续时间"对话框中还可以设置视频素材的倒放速度，只需要选中"倒放速度"复选框即可。

除了以上方法，还可以使用"效果控件"里的"时间重映射"功能来改变视频的播放速度，实现快慢镜头的效果。

图 8-56　"剪辑速度 / 持续时间"对话框

↘ 8.2.5　制作倒计时片头效果

在 Premiere 中内置了倒计时片头效果，通过执行相应的命令，在弹出的对话框中对相关选项进行设置，即可快速创建出倒计时片头效果。

实战

制作倒计时片头效果

最终效果：资源 \ 第 8 章 \8-2-5.prproj。

视频：视频 \ 第 8 章 \ 制作倒计时片头效果 .mp4。

01. 执行"文件 > 新建 > 项目"命令，弹出"新建项目"对话框，设置项目文件的名称和位置，如图 8-57 所示。单击"确定"按钮，新建项目文件。执行"文件 > 新建 > 序列"命令，弹出"新建序列"对话框，在预设列表中选择"AVCHD"选项中的"AVCHD 1080p30"选项，如图 8-58 所示。单击"确定"按钮，新建序列。

图 8-57 "新建项目"对话框   图 8-58 "新建序列"对话框

02. 双击"项目"面板的空白位置，弹出"导入"对话框，导入视频素材 62501.mp4，如图 8-59 所示。单击"项目"面板右下角的"新建项"图标，在弹出的菜单中执行"通用倒计时片头"命令，如图 8-60 所示。

图 8-59 导入视频素材   图 8-60 执行"通用倒计时片头"命令

03. 弹出"新建通用倒计时片头"对话框，根据所导入的视频素材对该对话框中的相关选项进行设置，如图 8-61 所示。单击"确定"按钮，弹出"通用倒计时设置"对话框，可以对倒计时片头的相关颜色选项和提示音选项进行设置，如图 8-62 所示。

图 8-61 "新建通用倒计时片头"对话框   图 8-62 "通用倒计时设置"对话框

04. 单击"确定"按钮，完成通用倒计时片头的创建，如图8-63所示。将通用倒计时片头从"项目"面板拖入"时间轴"面板的V1视频轨上，再将62501.mp4视频素材拖入V1视频轨上倒计时片头的后面，如图8-64所示。

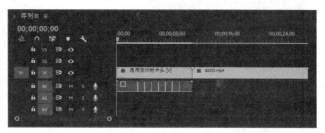

图8-63　"项目"面板　　　　　　　图8-64　将通用倒计时片头和视频素材拖入时间轴

05. 完成视频倒计时片头的添加，在"节目"监视器窗口中单击"播放"按钮，预览视频效果，如图8-65所示。

图8-65　预览视频倒计时片头效果

↘ 8.2.6　创建其他常用视频元素

Premiere中除了内置倒计时片头效果，还内置了许多在视频剪辑过程中经常会用到的视频元素，包括黑场视频、彩条视频、颜色遮罩等，用户只需要通过简单的设置即可创建，非常方便。

1. 黑场视频

黑场视频可以加在片头或两个素材中间，目的是预留编辑位置，以便在片头制作完成后替换掉黑场视频或增加转场效果时，不至于太突然。

执行"文件 > 新建 > 黑场视频"命令，或者单击"项目"面板右下角的"新建项"图标，在弹出的菜单中执行"黑场视频"命令，如图8-66所示。弹出"新建黑场视频"对话框，对相关参数进行设置，一般默认为当前序列的各个参数设置，如图8-67所示。

单击"确定"按钮，即可创建一个黑场视频并出现在"项目"面板中，用户可以将所创建的黑场视频拖入"时间轴"面板的视频轨中，后面接其他视频素材，也可放置在两个视频剪辑之间，实现镜头的过渡。

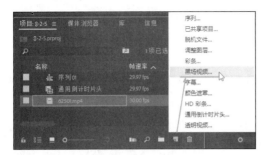

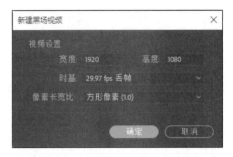

图 8-66　执行"黑场视频"命令　　　　图 8-67　"新建黑场视频"对话框

2.　彩条视频

彩条视频一般添加在片头，用来测试显示设备的颜色、色度、亮度、声音等是否符合标准。Premiere 中包含彩条和 HD 彩条两种彩条视频，其中，HD 彩条是高清格式的，用户可以根据需要自行选择使用。

执行"文件 > 新建 >HD 彩条"命令，或者单击"项目"面板右下角的"新建项"图标，在弹出的菜单中执行"HD 彩条"命令，如图 8-68 所示。弹出"新建 HD 彩条"对话框，对相关参数进行设置，一般默认为当前序列的各个参数设置，如图 8-69 所示。

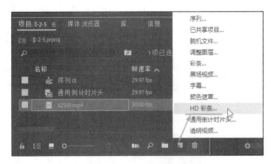

图 8-68　执行"HD 彩条"命令　　　　图 8-69　"新建 HD 彩条"对话框

单击"确定"按钮，即可创建一个 HD 彩条并出现在"项目"面板中，如图 8-70 所示。可以将所创建的 HD 彩条拖入"时间轴"面板的视频轨中，后面接其他视频素材。在"节目"监视器窗口中可以看到 HD 彩条的效果，如图 8-71 所示。

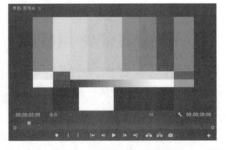

图 8-70　"项目"面板　　　　　　　图 8-71　预览 HD 彩条效果

3.　颜色遮罩

颜色遮罩主要是用来制作影片背景的，结合视频特效可以制作出漂亮的背景图案。

执行"文件 > 新建 > 颜色遮罩"命令，或者单击"项目"面板右下角的"新建项"图标，在弹出的菜单中执行"颜色遮罩"命令，如图 8-72 所示。弹出"新建颜色遮罩"对话框，对相关参数进行设置，一般默认为当前序列的各个参数设置，如图 8-73 所示。

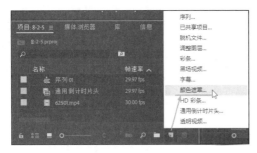

图 8-72　执行"颜色遮罩"命令　　　　图 8-73　"新建颜色遮罩"对话框

单击"确定"按钮，弹出"拾色器"对话框，选择一种颜色，如图 8-74 所示。单击"确定"按钮，弹出"选择名称"对话框，设置一个颜色遮罩名称，如图 8-75 所示。单击"确定"按钮，即可创建一个颜色遮罩素材并出现在"项目"面板中，如图 8-76 所示。可以将所创建的颜色遮罩素材拖入"时间轴"面板的视频轨中使用。

图 8-74　"拾色器"对话框　　图 8-75　"选择名称"对话框　　图 8-76　"项目"面板

小贴士

在 Premiere 中除了可以创建通用倒计时片头、黑场视频、彩条视频、颜色遮罩等元素，还可以创建调整图层、透明视频、字幕、脱机文件等元素，创建方法与前面介绍的方法相似。

8.3　关键帧动画

Premiere 拥有强大的运动效果生成功能，通过简单的设置，可使静态的素材画面产生运动效果。关键帧动画可以在原有的视频画面基础上，通过创建关键帧对素材进行移动、变形、缩放等动画效果的制作。

↘ 8.3.1　认识"效果控件"面板

将素材拖入"时间轴"面板中的视频轨道后，选中素材，切换到"效果控件"面板，"视频效果"可以分为"运动""不透明度"和"时间重映射"3 个效果，展开效果，可以看到每个效果的设置选项，如图 8-77 所示。

1."运动"效果

位置：可以设置素材对象在屏幕中的坐标位置。

缩放：可以设置素材对象等比例缩放程度，如果取消"等比缩放"复选框，则该选项用于单独调整素材对象高度的缩放，宽度不变。

图 8-77　"效果控件"面板

缩放宽度：默认为不可用状态，如果取消"等比缩放"复选框，则可以通过该选项调整素材对象宽度的缩放。

等比缩放：默认为选中状态，素材对象按照等比进行缩放。

旋转：可以设置素材对象在屏幕中的旋转角度。

锚点：可以设置对象的移动、缩放和旋转的锚点位置。

防闪烁滤镜：消除视频素材中的闪烁现象。

2. "不透明度"效果

创建蒙版：创建椭圆形、矩形和绘制不规则形状蒙版效果。

不透明度：设置素材对象的半透明效果。

混合模式：设置各素材之间的混合效果。

3. "时间重映射"效果

速度：可以对素材的播放进行变速处理。

 小贴士

如果在"时间轴"面板中所选择的素材是一个包含音频的视频素材，那么在"效果控件"面板中还会显示"音频效果"选项，用于对音频效果进行设置。

↘ 8.3.2 制作城市夜景视频动画

微课视频

扫一扫

了解了"效果控件"面板中各种属性的作用之后，就可以通过为这些属性插入关键帧制作出相应的动画效果。本小节将通过一个城市夜景视频动画的制作，向读者介绍如何为"效果控件"面板中的属性插入关键帧，并制作出关键帧动画。

实战

制作城市夜景视频动画

最终效果：资源 \ 第 8 章 \8-3-2.prproj。

视频：视频 \ 第 8 章 \ 制作城市夜景视频动画 .mp4。

01. 执行"文件 > 新建 > 项目"命令，弹出"新建项目"对话框，设置项目文件的名称和位置，如图 8-78 所示。单击"确定"按钮，新建项目文件。执行"文件 > 新建 > 序列"命令，弹出"新建序列"对话框，在预设列表中选择"AVCHD"选项中的"AVCHD 1080p24"选项，如图 8-79 所示。单击"确定"按钮，新建序列。

图 8-78 "新建项目"对话框

图 8-79 "新建序列"对话框

02. 双击"项目"面板的空白位置，弹出"导入"对话框，同时选中需要导入的多个不同类型的素材文件，如图8-80所示。单击"打开"按钮，将选中的多个素材导入"项目"面板中，如图8-81所示。

图8-80　选择需要导入的多个素材文件

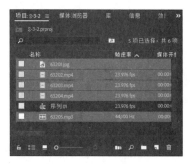

图8-81　"项目"面板

03. 将"项目"面板中的63201.jpg图片素材拖入"时间轴"面板中的V1轨道，如图8-82所示。单击"项目"面板右下角的"新建项"图标，在弹出的菜单中执行"字幕"命令，弹出"新建字幕"对话框，具体设置如图8-83所示。

图8-82　将图片素材拖入视频轨

图8-83　"新建字幕"对话框

04. 单击"确定"按钮，创建开放式字幕。将"项目"面板中的开放式字幕拖入"时间轴"面板中的V2轨道，如图8-84所示。双击轨道中的字幕，切换到"字幕"面板中，可以对字幕的相关属性进行设置，如图8-85所示。

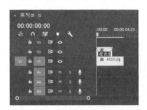

图8-84　将字幕素材拖入视频轨

图8-85　设置字幕的相关属性

05. 在"节目"监视器窗口中可以看到所添加的字幕文字的效果，如图8-86所示。在"时间轴"面板中选择V2轨道中的字幕，将鼠标指针移至该素材的右侧，单击并向右拖曳鼠标指针，将该素材的持续时间调整到与图像素材相同的时长，如图8-87所示。

图8-86　字幕效果

图8-87　调整字幕时长

06. 在"项目"面板中依次将63202.mp4、63203.mp4和63204.mp4这3段视频素材拖入"时间轴"面板中的V2轨道中，如图8-88所示。在"项目"面板中将63205.mp3音乐素材拖入"时间轴"面板中的A1轨道中，如图8-89所示。

图8-88　拖入视频素材　　　　　　　　　　图8-89　拖入音频素材

07. 选择A1轨道中的音频素材，将鼠标指针移至该素材的结尾位置，按住鼠标左键并向左拖曳，调整音频素材的时长与视频轨中素材时长相同，如图8-90所示。首先制作字幕的动画效果，将时间指示器移至0秒位置，选择V2轨道中的字幕素材，打开"效果控件"面板，展开"运动"效果，单击"缩放"属性前的"切换动画"图标 ◎，插入该属性关键帧，并设置该属性值为0.0，设置"不透明度"效果中的"不透明度"属性值为0.0%，如图8-91所示。

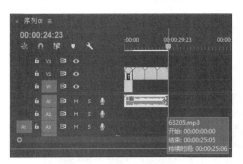

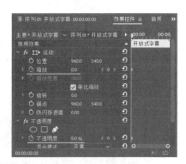

图8-90　调整音频素材时长　　　　　图8-91　插入属性关键帧并设置属性值1

08. 将时间指示器移至2秒的位置，在"效果控件"面板中设置"缩放"为100.0、"不透明度"为100.0%，系统自动在当前位置添加这两个属性的关键帧，如图8-92所示。接下来制作第1段视频素材的动画效果，将时间指示器移至5秒的位置，选择V2轨道中的63202.mp4素材，在"效果控件"面板中插入"位置"和"不透明度"属性关键帧，并分别设置其属性值，如图8-93所示。

图8-92　设置属性值1　　　　　　图8-93　插入属性关键帧并设置属性值2

小贴士

在"时间轴"面板中拖曳时间指示器可以将其移至指定的时间位置，也可以单击"时间轴"面板左上角或"效果控件"面板左下角的时间码，直接输入需要跳转到的时间位置。

09. 将时间指示器移至6秒的位置，在"效果控件"面板中设置"位置"为(960.0,540.0)、"不透明度"为100.0%，系统自动在当前位置添加这两个属性的关键帧，如图8-94所示。将时间指示器移至11秒的位置，分别单击"位置"和"不透明度"属性右侧的"添加/移除关键帧"图标 ◙ ，手动添加属性关键帧，使其与前一个关键帧属性值相同，如图8-95所示。

图8-94 设置属性值2　　　　图8-95 手动添加属性关键帧1

10. 将时间指示器移至12秒的位置，设置"位置"为(2880.0,540.0)、"不透明度"为0.0%，如图8-96所示。接下来制作第2段视频素材的动画效果，将时间指示器移至12秒01帧的位置，选择V2轨道中的63203.mp4素材，在"效果控件"面板中插入"位置"和"不透明度"属性关键帧，并分别设置其属性值，如图8-97所示。

图8-96 设置属性值3　　　　图8-97 插入属性关键帧并设置属性值3

11. 将时间指示器移至13秒的位置，在"效果控件"面板中设置"位置"为(960.0,540.0)、"不透明度"为100.0%，系统自动在当前位置添加属性关键帧，如图8-98所示。将时间指示器移至17秒18帧的位置，分别单击"位置"和"不透明度"属性右侧的"添加/移除关键帧"图标 ◙ ，手动添加属性关键帧，使其与前一个关键帧属性值相同，如图8-99所示。

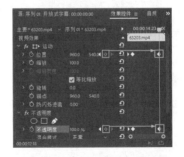

图8-98 设置属性值4　　　　图8-99 手动添加属性关键帧2

12. 将时间指示器移至18秒18帧的位置，设置"位置"为(-960.0,540.0)、"不透明度"为0.0%，如图8-100所示。接下来制作第3段视频素材的动画效果，将时间指示器移至18秒19帧的位置，选择V2轨道中的63204.mp4素材，在"效果控件"面板中插入"缩放""旋转"和"不透明度"属性关键帧，并分别设置其属性值，如图8-101所示。

图 8-100 设置属性值 5

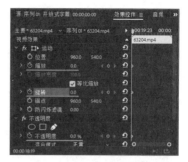

图 8-101 插入属性关键帧并设置属性值 4

13. 将时间指示器移至 19 秒 19 帧的位置，在"效果控件"面板中设置"缩放"为 100.0、"旋转"为 1×0.0°、"不透明度"为 100.0%，系统自动在当前位置添加属性关键帧，如图 8-102 所示。将时间指示器移至 24 秒 06 帧的位置，分别单击"缩放""旋转"和"不透明度"属性右侧的"添加/移除关键帧"图标◙，手动添加属性关键帧，使其与前一个关键帧属性值相同，如图 8-103 所示。

图 8-102 设置属性值 6

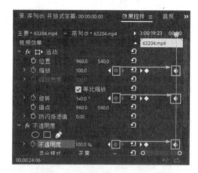

图 8-103 手动添加属性关键帧 3

14. 将时间指示器移至 25 秒 06 帧的位置，设置"缩放"为 200.0、"旋转"为 0.0°、"不透明度"为 0.0%，如图 8-104 所示。完成第 3 段视频素材动画效果的制作，在"时间轴"面板中拖曳时间指示器，可以预览视频动画的效果，如图 8-105 所示。

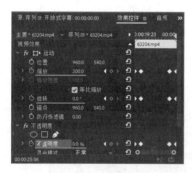

图 8-104 设置属性值 7

图 8-105 预览视频动画效果

 小贴士

在该城市夜景视频动画中，字幕部分制作的是从小到大并伴随不透明度变化的动画效果；第 1 段视频素材制作的是从左侧渐现移动入场，从右侧渐隐移动出场的动画效果；第 2 段视频素材制作的是从右侧渐现移动入场，从左侧渐隐移动出场的动画效果；第 3 段视频素材制作的是从小到大缩放、旋转、渐现入场，最后渐变放大、旋转、渐隐出场的动画效果。

15. 完成该城市夜景视频动画的制作后，在"节目"监视器窗口中单击"播放"按钮，预览视频效果，如图8-106所示。

图8-106　预览视频效果

8.4　应用视频过渡效果

在Premiere中，用户可以利用一些视频过渡效果在视频素材或图片素材之间创建出丰富多彩的转场过渡特效，使素材剪辑在视频中出现或消失，从而使素材之间的切换变得更加平滑、流畅。

8.4.1　添加视频过渡效果

对视频的后期编辑处理来说，合理地为素材添加一些视频过渡效果，可以使两个或多个原本不相关联的素材在过渡时能够更加平滑、流畅，使编辑画面更加生动和谐，也能够极大提高视频剪辑的效率。

如果需要为"时间轴"面板中两个相邻的素材添加视频过渡效果，可以在"效果"面板中展开"视频过渡"选项，如图8-107所示。在相应的过渡效果中选择需要添加的视频过渡效果，按住鼠标左键并拖曳至"时间轴"面板中的两个目标素材之间即可，如图8-108所示。

图8-107　"视频过渡"选项

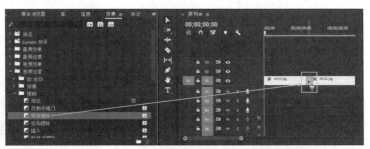

图8-108　将需要应用的过渡效果拖曳至素材之间

↘ 8.4.2 编辑视频过渡效果

将视频过渡效果添加到两个素材之间的连接处之后，在"时间轴"面板中单击选择刚添加的视频过渡效果，如图 8-109 所示，即可在"效果控件"面板中对所选中的视频过渡效果进行参数设置，如图 8-110 所示。

图 8-109 单击选择视频过渡效果

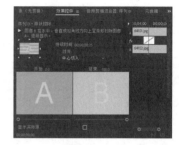

图 8-110 "效果控件"面板中的设置选项

1．设置持续时间

在"效果控件"面板中，可以通过设置"持续时间"选项来控制视频过渡效果的持续时间。数值越大，视频过渡持续时间越长，反之则持续时间越短。图 8-111 所示为修改"持续时间"选项，图 8-112 所示为过渡效果在时间轴上的表现。

图 8-111 修改"持续时间"选项

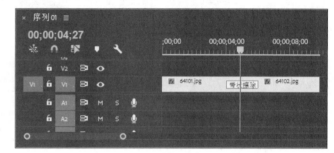

图 8-112 过渡效果在时间轴上的表现

2．编辑过渡效果方向

不同的视频过渡效果具有不同的过渡方向设置，在"效果控件"面板中的效果方向示意图四周提供了多个三角形箭头，单击相应的三角形箭头，即可设置该视频过渡效果的方向。例如，单击"自东北向西南"三角形箭头，如图 8-113 所示，即可在"节目"监视器窗口中看到改变方向后的视频过渡效果，如图 8-114 所示。

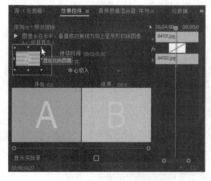

图 8-113 单击三角形箭头

图 8-114 "节目"监视器窗口效果

3. 编辑对齐参数

在"效果控件"面板中，"对齐"选项用于控制视频过渡效果的切割对齐方式，即"中心切入""起点切入""终点切入"和"自定义起点"4种方式。

中心切入：设置"对齐"选项为"中心切入"，视频过渡效果位于两个素材的中心位置，如图8-115所示。

起点切入：设置"对齐"选项为"起点切入"，视频过渡效果位于第2个素材的起始位置，如图8-116所示。

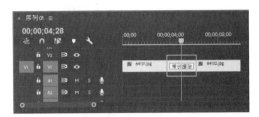

图8-115 "中心切入"效果

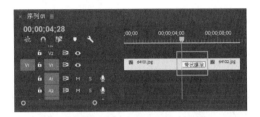

图8-116 "起点切入"效果

终点切入：设置"对齐"选项为"终点切入"，视频过渡效果位于第1个素材的结束位置，如图8-117所示。

自定义起点：在时间轴中还可以通过单击并拖曳调整所添加的视频过渡效果的位置，从而自定义视频过渡效果的起点位置，如图8-118所示。

图8-117 "终点切入"效果

图8-118 拖曳调整起点位置

4. 设置开始、结束位置

在视频过渡效果预览区域的顶部有两个控制视频过渡效果开始、结束的选项。

开始：该选项用于设置视频过渡效果的开始位置，默认值为0.0，表示过渡效果将从整个视频过渡过程的开始位置开始视频过渡。如果将"开始"选项设置为20.0，如图8-119所示，则表示视频过渡效果从整个视频过渡效果的20%的位置开始过渡。

结束：该选项用于设置视频过渡效果的结束位置，默认值为100.0，表示过渡效果将从整个视频过渡过程的结束位置结束视频过渡。如果将"结束"选项设置为90.0，如图8-120所示，则表示视频过渡效果以整个视频过渡效果的90%的位置结束过渡。

图8-119 设置过渡效果开始位置

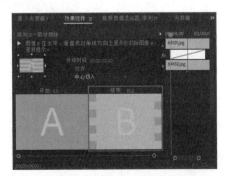

图8-120 设置过渡效果结束位置

5. 显示素材实际效果

"效果控件"面板中视频过渡的预览区域以 A 和 B 进行表示，如果需要在"效果控件"面板的视频过渡预览区域中显示素材的实际过渡效果，可以选中"显示实际源"复选框（见图 8-143）。

小贴士

有一些视频过渡效果在过渡过程中可以设置边框的效果，在"效果控件"面板中提供了边框设置选项，如"边框宽度"和"边框颜色"等，用户可以根据需要进行设置。

↘ 8.4.3 认识视频过渡效果

作为一款优秀的视频后期编辑软件，Premiere 内置了许多视频过渡效果供用户使用，熟练并恰当地运用这些效果可以使视频素材之间的衔接转场更加自然流畅，并且能够增加视频的艺术性。下面对 Premiere 内置的视频过渡效果进行简单的介绍。

1. "3D 运动"效果组

"3D 运动"效果组中的视频过渡效果可以模拟三维空间的运动效果，其中包含了"立方体旋转"和"翻转"两个视频过渡效果。图 8-121 所示为应用"立方体旋转"视频过渡效果的效果，图 8-122 所示为应用"翻转"视频过渡效果的效果。

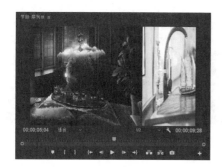
图 8-121　应用"立方体旋转"视频过渡效果

图 8-122　应用"翻转"视频过渡效果

2. "划像"效果组

"划像"效果组中的视频过渡效果是通过分割画面来完成素材的切换的，该效果组中包含"交叉划像""圆划像""盒形划像"和"菱形划像"4 个视频过渡效果。

图 8-123 所示为应用"交叉划像"视频过渡效果的效果，图 8-124 所示为应用"菱形划像"视频过渡效果的效果。

图 8-123　应用"交叉划像"视频过渡效果

图 8-124　应用"菱形划像"视频过渡效果

3."擦除"效果组

"擦除"效果组中的视频过渡效果主要是以各种方式将素材擦除来完成场景的切换。该效果组中包含"划出""双侧平推门""带状擦除""径向擦除""插入""时钟式擦除""棋盘""棋盘擦除""楔形擦除""水波块""油漆飞溅""渐变擦除""百页窗""螺旋框""随机块""随机擦除"和"风车"共 17 种视频过渡效果。

图 8-125 所示为应用"时钟式擦除"视频过渡效果的效果，图 8-126 所示为应用"风车"视频过渡效果的效果。

图 8-125　应用"时钟式擦除"视频过渡效果　　　　图 8-126　应用"风车"视频过渡效果

 小贴士

"沉浸式视频"效果组中所提供的视频过渡效果都是针对 VR 视频的处理效果，在这里不做过多介绍。

4."溶解"效果组

"溶解"效果组中的视频过渡效果主要是以淡化、渗透等方式产生过渡效果，该效果组中包含"MorphCut""交叉溶解""叠加溶解""渐隐为白色""渐隐为黑色""胶片溶解"和"非叠加溶解"共 7 种视频过渡效果。

图 8-127 所示为应用"交叉溶解"视频过渡效果的效果，图 8-128 所示为应用"渐隐为白色"视频过渡效果的效果。

图 8-127　应用"交叉溶解"视频过渡效果　　　　图 8-128　应用"渐隐为白色"视频过渡效果

5."滑动"效果组

"滑动"效果组中的视频过渡效果主要是通过运动画面的方式完成场景切换的，该效果组中包含"中心拆分""带状滑动""拆分""推"和"滑动"共 5 种视频过渡效果。

图 8-129 所示为应用"拆分"视频过渡效果的效果，图 8-130 所示为应用"滑动"视频过渡效果的效果。

图 8-129　应用"拆分"视频过渡效果　　　　图 8-130　应用"滑动"视频过渡效果

6."缩放"效果组

"缩放"效果组中的视频过渡效果主要是通过对素材进行缩放来完成场景切换的，该效果组中只包含"交叉缩放"视频过渡效果。图 8-131 所示为应用"交叉缩放"视频过渡效果的效果。

7."页面剥落"效果组

"页面剥落"效果组中的视频过渡效果主要是使第 1 段素材以各种卷页动作形式消失，最终显示出第 2 段素材。该效果组中包含"翻页"和"页面剥落"两个视频过渡效果。图 8-132 所示为应用"翻页"视频过渡效果的效果。

图 8-131　应用"交叉缩放"视频过渡效果　　　　图 8-132　应用"翻页"视频过渡效果

↘ 8.4.4　制作风景视频过渡效果

视频过渡效果对于不同镜头素材的组接具有非常重要的作用，能够使镜头之间切换更加流畅、自然。本小节会通过视频过渡效果将几段视频素材进行组接并设置过渡效果，使整段视频更加生动。

> **实战**
>
> **制作风景视频过渡效果**
> 最终效果：资源 \ 第 8 章 \8-4-4.prproj。
> 视频：视频 \ 第 8 章 \ 制作风景视频过渡效果 .mp4。

01. 执行"文件 > 新建 > 项目"命令，弹出"新建项目"对话框，设置项目文件的名称和位置，如图 8-133 所示。单击"确定"按钮，新建项目文件。执行"文件 > 新建 > 序列"命令，弹出"新建序列"对话框，在预设列表中选择"AVCHD"选项中的"AVCHD 1080p30"选项，如图 8-134 所示。单击"确定"按钮，新建序列。

图 8-133 "新建项目"对话框

图 8-134 "新建序列"对话框

02. 将视频素材 64401.mp4 至 64405.mp4 导入"项目"面板中,如图 8-135 所示。将"项目"面板中的 64401.mp4 视频素材拖入"时间轴"面板的 V1 轨道中,在"节目"监视器窗口中可以看到该素材的效果,如图 8-136 所示。

图 8-135 导入多个视频素材

图 8-136 视频素材效果

03. 依次将 64402.mp4、64403.mp4、64404.mp4 和 64405.mp4 拖入"时间轴"面板的 V1 轨道中顺序排列,如图 8-137 所示。打开"效果"面板,展开"视频过渡"选项,将"溶解"效果组中的"交叉溶解"视频过渡效果拖曳到 64401.mp4 视频素材的起始位置,如图 8-138 所示。

图 8-137 依次拖入多个视频素材

图 8-138 应用"交叉溶解"视频过渡效果 1

04. 将"溶解"效果组中的"交叉溶解"视频过渡效果拖曳到 64401.mp4 与 64402.mp4 视频素材之间的位置,如图 8-139 所示。在"效果"面板中的"视频过渡"选项中将"缩放"效果组中的"交叉缩放"视频过渡效果拖曳到 64402.mp4 与 64403.mp4 视频素材之间的位置,如图 8-140 所示。

图 8-139 应用"交叉溶解"视频过渡效果 2

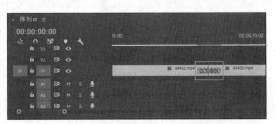

图 8-140 应用"交叉缩放"视频过渡效果 3

小贴士

"交叉溶解"视频过渡效果是指前一个镜头的画面与后一个镜头的画面相叠加，前一个镜头的画面逐渐隐去，后一个镜头的画面逐渐显现的过程，前后镜头长时间叠化可以强调重叠画面内容之间的队列关系，强调前后镜头内容的关联性和自然过渡。

05. 单击"时间轴"面板中刚添加的"交叉缩放"视频过渡效果，打开"效果控件"面板，设置其"持续时间"为 1 秒，如图 8-141 所示。在"效果"面板中的"视频过渡"选项中将"划像"效果组中的"盒形划像"视频过渡效果拖曳到 64403.mp4 与 64404.mp4 视频素材之间的位置，如图 8-142 所示。

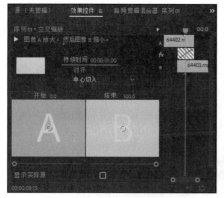

图 8-141 设置"持续时间"选项

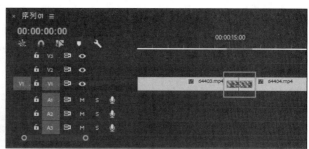

图 8-142 应用"盒形划像"视频过渡效果

小贴士

"交叉缩放"视频过渡效果是使素材 B 从素材 A 中放大出现，通常在素材 B 画面中会有一个可以转接的中心。

06. 单击"时间轴"面板中刚添加的"盒形划像"视频过渡效果，打开"效果控件"面板，设置其"持续时间"为 1 秒、"对齐"为"起点切入"，选中"反向"复选框，如图 8-143 所示。当我们在"效果控件"面板中设置视频过渡效果的"对齐"选项为"起点切入"时，该视频过渡效果将从第 2 段素材的起始位置开始，如图 8-144 所示。

图 8-143 设置"持续时间"选项

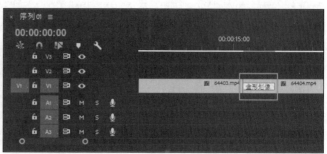

图 8-144 "盒形划像"视频过渡效果的位置发生变化

小贴士

　　"划像"效果组中的视频过渡效果一般用于两个内容意义差别较大的素材转换，可以造成时空的快速转变，并在较短时间内展现多种内容，所以常用于同一时间、不同空间事件的分割呼应，使其节奏紧凑、明快。

　　07. 在"效果"面板中的"视频过渡"选项中将"溶解"效果组中的"叠加溶解"视频过渡效果拖曳到 64404.mp4 与 64405.mp4 视频素材之间的位置，如图 8-145 所示。单击"时间轴"面板中刚添加的"叠加溶解"视频过渡效果，打开"效果控件"面板，设置其"持续时间"为 1 秒，如图 8-146 所示。

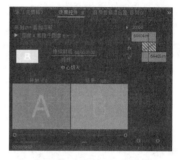

图 8-145　应用"叠加溶解"视频过渡效果　　　　图 8-146　设置"持续时间"选项

　　08. 在"效果"面板中的"视频过渡"选项中将"溶解"效果组中的"渐隐为黑色"视频过渡效果拖曳到 64405.mp4 视频素材的结束位置，如图 8-147 所示。完成视频过渡效果的添加后，将音频素材 64406.mp3 导入"项目"面板中，如图 8-148 所示。

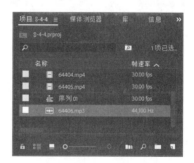

图 8-147　应用"渐隐为黑色"视频过渡效果　　　　图 8-148　导入音频素材

　　09. 将时间指示器移至 0 秒的位置，在"项目"面板中将 64406.mp3 音频素材拖入"时间轴"面板的 A1 轨道中，如图 8-149 所示。将光标移至 A1 轨道的音频素材结束位置，光标变为红色左向箭头时，按住鼠标左键并向左拖曳，对音频素材进行裁剪，使其长度与视频轨中素材的长度相同，如图 8-150 所示。

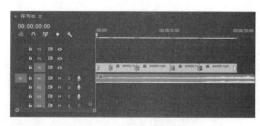
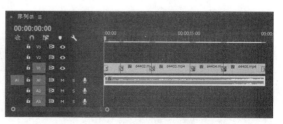

图 8-149　拖入音频素材　　　　图 8-150　对音频素材进行裁剪处理

10. 完成该夜景视频动画的制作后，在"节目"监视器窗口中单击"播放"按钮，预览视频效果，如图 8-151 所示。

图 8-151　预览视频效果

8.5　本章小结

本章主要介绍了 Premiere 软件的相关知识，如 Premiere 的基本操作、视频素材剪辑、关键帧动画和视频过渡效果等；并且通过多个案例的制作过程讲解，帮助读者快速掌握 Premiere 软件的基本操作方法。

第9章

使用Premiere制作短视频特效

在上一章中已经介绍了 Premiere 的工作界面及 Premiere 的基本操作，本章将向读者介绍如何使用 Premiere 制作短视频特效，内容主要包括如何为素材应用各种视频特效、如何对视频素材进行调色 / 抠像和蒙版处理，以及字幕和音频的添加与设置等。本章将采用案例制作与知识点讲解相结合的方式，帮助读者掌握使用 Premiere 制作短视频特效的方法和技巧。

9.1 应用视频效果

Premiere 中内置了许多视频效果，我们可以利用这些视频效果对原始素材进行调整，如调整画面的对比度、为画面添加粒子或光照效果等，从而为短视频作品增加艺术效果，为观众带来丰富多彩、精美绝伦的视觉盛宴。

9.1.1 添加视频效果

应用视频效果的方法非常简单，只需将需要应用的视频效果拖曳至"时间轴"面板中的素材上，然后根据需要在"效果控件"面板中对该视频效果的参数进行设置，就可以在"节目"监视器窗口中看到所应用的效果。

1. 为素材应用视频效果

打开"效果"面板，展开"视频效果"选项，在该选项中包含了"Obsolete""变换""图像控制""实用程序""扭曲""时间""杂色与颗粒""模糊与锐化""沉浸式视频""生成""视频""调整""过时""过渡""透视""通道""键控""颜色校正"和"风格化"共 19 个视频效果组，如图 9-1 所示。

如果需要为"时间轴"面板中的素材应用视频效果，可以直接将需要应用的视频效果拖曳至"时间轴"面板中的素材上，如图 9-2 所示。

图 9-1 "视频效果"选项中的视频效果组　　　　图 9-2 拖曳视频效果至"时间轴"面板中的素材上

为"时间轴"面板中的素材应用视频效果后，"效果控件"面板会自动显示出来，在该面板中可以对所应用的视频效果的参数进行设置，如图 9-3 所示。完成视频效果参数的设置之后，在"节目"监视器窗口中可以看到应用该视频效果所实现的效果，如图 9-4 所示。对视频效果参数进行不同的设置，能够产生不同的效果。

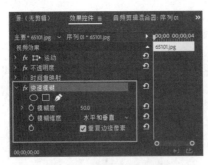

图 9-3 设置视频效果参数　　　　　　　　　图 9-4 应用"快速模糊"视频效果的效果

2. 添加视频效果的顺序

在使用 Premiere 的视频效果调整素材时，有时候一个视频效果即可达到调整的目的，但很多时候，需要为素材添加多个视频效果。在 Premiere 中，系统根据素材在"效果控件"面板中的视频效果按从上至下的顺序进行应用，如果为素材应用了多个视频效果，需要注意视频效果在

"效果控件"面板中的排列顺序,视频效果顺序不同,所产生的效果也会有所不同。

例如,为素材同时应用了"颜色平衡"和"分色"视频效果,如图9-5所示。在"节目"监视器窗口中可以看到素材调整的效果,如图9-6所示。

图9-5 同时应用两个视频效果

图9-6 查看应用视频效果的效果

在"效果控件"面板中单击"颜色平衡"视频效果,将其拖曳至"分色"视频效果的下方,调整应用顺序,如图9-7所示。在"节目"监视器窗口中可以看到素材的效果明显与之前不同,如图9-8所示。

图9-7 调整视频效果的应用顺序

图9-8 查看得到的效果

↘ 9.1.2 编辑视频效果

为素材应用视频效果后,用户还可以对视频效果进行编辑,可以通过隐藏视频效果来观察应用视频效果前后的效果变化;如果对所应用的视频效果不满意,也可以将其删除。

1. 隐藏视频效果

在"时间轴"面板中选择应用了视频效果的素材,打开"效果控件"面板,单击需要隐藏的视频效果名称左侧的"切换效果开关"图标 fx,如图9-9所示,即可将该视频效果隐藏,再次单击该图标,即可恢复该视频效果的显示。

2. 删除视频效果

如果需要删除所应用的视频效果,可以在"效果控件"面板中的视频效果名称上单击鼠标右键,在弹出的菜单中执行"清除"命令,如图9-10所示。或者在"效果控件"面板中选择需要删除的视频效果,按键盘上的 Delete 键,同样可以删除选中的视频效果。

图9-9 隐藏视频效果

图9-10 清除视频效果

↘9.1.3 认识常用的视频效果组

Premiere 中内置的视频效果非常多，而有些视频效果是我们在短视频编辑处理过程中很少能够用到的，这里我们选取一些常用的视频效果组向读者进行简单的介绍。

1."变换"视频效果组

"变换"视频效果组中的视频效果主要用于实现素材画面的变换操作，该视频效果组中包含"垂直翻转""水平翻转""羽化边缘"和"裁剪"4 个视频效果。

图 9-11 所示为应用"水平翻转"视频效果的效果，图 9-12 所示为应用"羽化边缘"视频效果的效果。

图 9-11　应用"水平翻转"视频效果　　　　图 9-12　应用"羽化边缘"视频效果

2."扭曲"视频效果组

"扭曲"视频效果组中的视频效果主要是通过对素材进行几何扭曲变形来制作出各种各样的画面变形效果。该视频效果组中包含"位移""变形稳定器 VFX""变换""放大""旋转""果冻效应修复""波形变形""球面化""紊乱置换""边角定位""镜像"和"镜头扭曲"共 12 个视频效果。

图 9-13 所示为应用"放大"视频效果的效果，图 9-14 所示为应用"镜像"视频效果的效果。

图 9-13　应用"放大"视频效果　　　　图 9-14　应用"镜像"视频效果

3."杂色与颗粒"视频效果组

"杂色与颗粒"视频效果组中的视频效果主要用于去除画面中的噪点或者在画面中添加杂色与颗粒感效果，该视频效果组中包含"中间值""杂色""杂色 Alpha""杂色 HLS""杂色 HLS 自动"和"蒙尘与划痕"共 6 个视频效果。

图 9-15 所示为应用"杂色"视频效果的效果，图 9-16 所示为应用"杂色 HLS 自动"视频效果的效果。

图 9-15　应用"杂色"视频效果　　　　　　图 9-16　应用"杂色 HLS 自动"视频效果

4."模糊与锐化"视频效果组

"模糊与锐化"视频效果组中的视频效果主要用于柔化或者锐化素材画面，不仅可以柔化边缘过于清晰或者对比度过强的画面区域，还可以对原来并不太清晰的画面进行锐化处理，使其更清晰。"模糊与锐化"视频效果组中包含"复合模糊""方向模糊""相机模糊""通道模糊""钝化蒙版""锐化"和"高斯模糊"共 7 个视频效果。

图 9-17 所示为应用"相机模糊"视频效果的效果，图 9-18 所示为应用"锐化"视频效果的效果。

图 9-17　应用"相机模糊"视频效果　　　　　　图 9-18　应用"锐化"视频效果

5."生成"视频效果组

"生成"视频效果组中的视频效果主要用来实现一些素材画面的滤镜效果，使画面的表现效果更加生动。"生成"视频效果组中包含"书写""单元格图案""吸管填充""四色渐变""圆形""棋盘""椭圆""油漆桶""渐变""网格""镜头光晕"和"闪电"共 12 个视频效果。

图 9-19 所示为应用"四色渐变"视频效果的效果，图 9-20 所示为应用"镜头光晕"视频效果的效果。

图 9-19　应用"四色渐变"视频效果　　　　　　图 9-20　应用"镜头光晕"视频效果

6."透视"视频效果组

"透视"视频效果组中的视频效果主要用于制作三维立体效果和空间效果，该视频效果组中包含"基本 3D""投影""放射阴影""斜角边"和"斜角 Alpha"共 5 个视频效果。

图 9-21 所示为应用"基本 3D"视频效果的效果，图 9-22 所示为应用"斜角边"视频效果的效果。

图 9-21　应用"基本 3D"视频效果　　　　图 9-22　应用"斜角边"视频效果

7."风格化"视频效果组

"风格化"视频效果组中的视频效果主要用于创建一些风格化的画面效果，该视频效果组中包含"Alpha 发光""复制""彩色浮雕""抽帧""曝光过度""查找边缘""浮雕""画笔描边""粗糙边缘""纹理化""闪光灯""阈值"和"马赛克"共 13 个视频效果。

图 9-23 所示为应用"粗糙边缘"视频效果的效果，图 9-24 所示为应用"马赛克"视频效果的效果。

图 9-23　应用"粗糙边缘"视频效果　　　　图 9-24　应用"马赛克"视频效果

↘9.1.4　制作视频画面拼贴效果

通过前面的学习，大家掌握了 Premiere 中视频效果的应用及编辑方法，并且了解了 Premiere 中内置的许多视频效果。接下来我们使用"网格"视频效果制作一个视频画面拼贴的效果。

微课视频

扫一扫

实战

制作视频画面拼贴效果

最终效果：资源 \ 第 9 章 \9-1-4.prproj。

视频：视频 \ 第 9 章 \ 制作视频画面拼贴效果 .mp4。

01. 执行"文件 > 新建 > 项目"命令，弹出"新建项目"对话框，设置项目文件的名称和位置，如图 9-25 所示。单击"确定"按钮，新建项目文件。执行"文件 > 新建 > 序列"命令，弹出

"新建序列"对话框，在预设列表中选择"AVCHD"选项中的"AVCHD 1080p25"选项，如图9-26所示。单击"确定"按钮，新建序列。

图9-25　"新建项目"对话框

图9-26　"新建序列"对话框

02. 将视频素材65401.mp4导入"项目"面板中，如图9-27所示。将"项目"面板中的65401.mp4视频素材拖入"时间轴"面板的V1轨道中，在"节目"监视器窗口中可以看到该素材的效果，如图9-28所示。

图9-27　导入视频素材

图9-28　视频素材效果

03. 打开"效果"面板，展开"视频效果"选项，将"生成"视频效果组中的"网格"视频效果拖曳到V1轨道中的视频素材上，如图9-29所示。选择V1轨道中的视频素材，打开"效果控件"面板，对"网格"视频效果的相关选项进行设置，如图9-30所示。

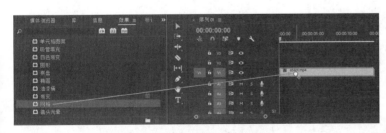

图9-29　应用"网格"视频效果

图9-30　设置"网格"视频效果选项

04. 完成"网格"视频效果选项的设置后，在"节目"监视器窗口中可以看到相应的效果，如图9-31所示。在"效果"面板中，将"视频效果"选项中的"视频"视频效果组中的"时间码"视频效果拖曳到V1轨道中的视频素材上，如图9-32所示。

图 9-31 "节目"监视器窗口效果

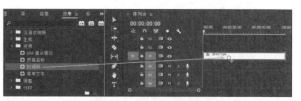

图 9-32 应用"时间码"视频效果

05. 打开"效果控件"面板，对"时间码"视频效果的相关选项进行设置，如图 9-33 所示。完成"时间码"视频效果选项的设置后，在"节目"监视器窗口中可以看到相应的效果，如图 9-34 所示。

图 9-33 设置"时间码"视频效果选项

图 9-34 "节目"监视器窗口效果

06. 完成视频画面拼贴效果的制作后，在"节目"监视器窗口中单击"播放"按钮，预览视频效果，如图 9-35 所示。

图 9-35 预览视频效果

9.2 调色、抠像与蒙版的应用

在 Premiere 中，系统内置的视频效果类型较多，并且每个类型中都包含众多的视频效果。这些系统内置的视频效果不仅可以用来调整画面颜色对图像进行控制，还可以用来进行视频合成或抠像等。

↘ 9.2.1　调色效果

调色主要是对视频素材的各种颜色属性进行调整，使素材画面的颜色整体效果、鲜艳程度、亮度等达到最佳的视觉效果。调整素材画面颜色的视频效果主要位于"图像控制"视频效果组、"调整"视频效果组、"通道"视频效果组和"颜色校正"视频效果组中，下面分别进行简单介绍。

1. "图像控制"视频效果组

"图像控制"视频效果组中的视频效果主要是通过各种方法对素材中的特定颜色进行处理，从而制作出特殊的视觉效果。该视频效果组中包含"灰度系数校正""颜色平衡（RGB）""颜色替换""颜色过滤"和"黑白"共5个视频效果。

图9-36所示为应用"颜色替换"视频效果的效果，图9-37所示为应用"黑白"视频效果的效果。

图9-36　应用"颜色替换"视频效果　　　　图9-37　应用"黑白"视频效果

2. "调整"视频效果组

"调整"视频效果组中的视频效果可以调整素材的颜色、亮度、质感等。在实际应用中，主要用于修复原始素材的偏色及曝光不足等方面的缺陷，也可以用来制作特殊的色彩效果。"调整"视频效果组中包含"ProcAmp""光照效果""卷积内核""提取""色阶"共5个视频效果。

图9-38所示为应用"ProcAmp"视频效果的效果，图9-39所示为应用"提取"视频效果的效果。

图9-38　应用"ProcAmp"视频效果　　　　图9-39　应用"提取"视频效果

3. "通道"视频效果组

"通道"视频效果组中的视频效果主要是通过素材通道的转换与插入等方式来改变素材画面的色彩效果，从而制作出各种特殊的效果。"通道"视频效果组中包含"反转""复合运算""混合""算术""纯色合成""计算"和"设置遮罩"共7个视频效果。

图9-40所示为应用"反转"视频效果的效果，图9-41所示为应用"算术"视频效果的效果。

图 9-40　应用"反转"视频效果　　　　　　图 9-41　应用"算术"视频效果

4．"颜色校正"视频效果组

"颜色校正"视频效果组中的视频效果主要用于对素材画面的色彩进行调整，如色彩的亮度、对比度、色相等，从而校正素材的色彩效果。"颜色校正"视频效果组中包含"ASC CDL""Lumetri 颜色""亮度与对比度""分色""均衡""更改为颜色""更改颜色""色彩""视频限幅器""通道混合器""颜色平衡"和"颜色平衡（HLS）"共 12 个视频效果。

图 9-42 所示为应用"亮度与对比度"视频效果的效果，图 9-43 所示为应用"通道混合器"视频效果的效果。

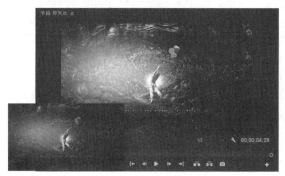

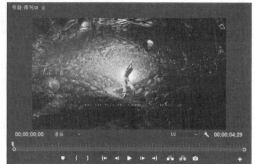

图 9-42　应用"亮度与对比度"视频效果　　　图 9-43　应用"通道混合器"视频效果

↘ 9.2.2　制作水墨画效果

通过前文的介绍，大家了解了 Premiere 中内置的各种用于调色的视频效果，接下来我们制作一个水墨画效果，在该效果的制作中主要为素材添加"黑白""查找边缘""色阶""高斯模糊"等视频效果。通过该实例的制作，大家能够掌握多个视频效果的添加及应用方法。

| 实战 | 制作水墨画效果 |

制作水墨画效果
最终效果：资源 \ 第 9 章 \9-2-2.prproj。
视频：视频 \ 第 9 章 \ 制作水墨画效果 .mp4。

01．执行"文件 > 新建 > 项目"命令，弹出"新建项目"对话框，设置项目文件的名称和位置，如图 9-44 所示。单击"确定"按钮，新建项目文件。执行"文件 > 新建 > 序列"命令，弹出"新建序列"对话框，在预设列表中选择"AVCHD"选项中的"AVCHD 1080p30"选项，如图 9-45 所示。单击"确定"按钮，新建序列。

图9-44　"新建项目"对话框

图9-45　"新建序列"对话框

02. 将图像素材66201.jpg和66202.png导入"项目"面板中，如图9-46所示。将"项目"面板中的66201.jpg图像素材拖入"时间轴"面板的V1轨道中，在"节目"监视器窗口中可以看到该素材的原始效果，如图9-47所示。

图9-46　导入图像素材

图9-47　素材的原始效果

03. 打开"效果"面板，展开"视频效果"选项中的"图像控件"视频选项组，选择"黑白"视频效果，如图9-48所示。将"黑白"视频效果拖曳至V1轨道中的图像素材上，为图像素材应用该视频效果，在"节目"监视器窗口中可以看到相应的效果，如图9-49所示。

图9-48　选择"黑白"视频效果

图9-49　应用"黑白"视频效果的效果

04. 在"效果"面板中展开"视频效果"选项中的"风格化"视频选项组，将"查找边缘"视频效果拖曳至V1轨道中的图像素材上，在"效果控件"面板中对"查找边缘"视频效果的相关选项进行设置，如图9-50所示。在"节目"监视器窗口中可以看到相应的效果，如图9-51所示。

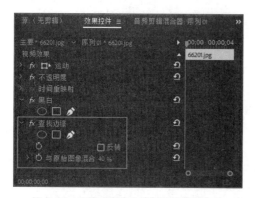

图 9-50　设置"查找边缘"视频效果选项

图 9-51　应用"查找边缘"视频效果的效果

05. 在"效果"面板中展开"视频效果"选项中的"调整"视频选项组，将"色阶"视频效果拖曳至 V1 轨道中的图像素材上，在"效果控件"面板中对"色阶"视频效果的相关选项进行设置，如图 9-52 所示。在"节目"监视器窗口中可以看到相应的效果，如图 9-53 所示。

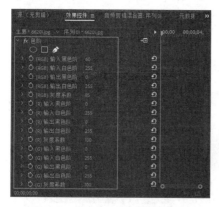

图 9-52　设置"色阶"视频效果选项

图 9-53　应用"色阶"视频效果的效果

06. 在"效果"面板中展开"视频效果"选项中的"模糊与锐化"视频选项组，将"高斯模糊"视频效果拖曳至 V1 轨道中的图像素材上，在"效果控件"面板中对"高斯模糊"视频效果的相关选项进行设置，如图 9-54 所示。在"节目"监视器窗口中可以看到相应的效果，如图 9-55 所示。

图 9-54　设置"高斯模糊"视频效果选项

图 9-55　应用"高斯模糊"视频效果的效果

07. 在"项目"面板中将 66202.png 图像素材拖入"时间轴"面板的 V2 轨道中，如图 9-56 所示。在"效果控件"面板中调整该素材到合适的位置，在"节目"监视器窗口中可以看到该素材的效果，如图 9-57 所示。

图 9-56　"时间轴"面板

图 9-57　"节目"监视器窗口效果

08. 在"效果"面板中展开"视频过渡"选项中的"擦除"选项组，将"划出"视频过渡效果拖曳至 V2 轨道中的图像素材的起始位置，如图 9-58 所示。选择刚添加的"划出"视频过渡效果，打开"效果控件"面板，修改其"持续时间"为 1 秒、方向为"自北向南"，如图 9-59 所示。

图 9-58　应用"划出"视频过渡效果

图 9-59　设置相关选项

09. 完成该水墨画效果的制作后，在"节目"监视器窗口中单击"播放"按钮，预览视频效果，如图 9-60 所示。

图 9-60　预览视频效果

↘ 9.2.3　抠像效果

从 Photoshop 的抠图到 Premiere 的抠像，"抠像"作为一种实用且有效的特殊手段，被广泛应用在视频后期处理的很多领域。通过蒙版、Alpha 通道、抠像特效滤镜等手段，可实现两个或两个以上视频轨重叠的效果。

1. 蓝 / 绿幕抠像技术

影视后期制作中的抠像，其原理是利用蓝幕或绿幕的背景和人物主体的颜色差异，首先让演员在蓝幕或绿幕面前表演，然后利用抠像技术将人物从纯色的背景中剥离出来，最后将剥离出来的人物和复杂情况下需要表现的场景结合在一起。

当今，蓝 / 绿幕抠像技术在影视制作中是不可或缺的，主流的后期合成软件中都不同程度地进行了相应的体现，Premiere 中也提供了一些简单的抠像视频效果。

使用绿幕和蓝幕技术，在拍摄的时候，演员的衣服和道具会被禁止使用与背景色接近的颜色，这样可使抠像更加干净，减少误差。

 小贴士

目前的技术下，任何均匀的颜色都可以用作合成的背景，而不仅仅是蓝色或绿色的背景，选择什么颜色作为背景可以根据实际情况而定。

2."键控"效果组

Premiere 的"视频效果"选项中的"键控"效果组中为用户提供了多种不同功能的抠像视频效果，用户使用这些视频效果可以很方便地实现抠像处理。"键控"效果组中包含"Alpha 调整""亮度键""图像遮罩键""差值遮罩""移除遮罩""超级键""轨道遮罩键""非红色键"和"颜色键"共 9 个视频效果。

（1）"Alpha 调整"视频效果

"Alpha 调整"视频效果主要通过调整当前素材的 Alpha 通道信息（改变 Alpha 通道透明度），使当前素材与其下面的素材产生不同的叠加效果。如果当前素材不包含 Alpha 通道，则改变的是整个素材的透明度。

（2）"亮度键"视频效果

应用"亮度键"视频效果可以将被叠加素材的灰色值设置为透明，而且保持色度不变。该视频效果对明暗对比十分强烈的素材非常有用。

（3）"图像遮罩键"视频效果

应用"图像遮罩键"视频效果可以将相邻轨道上的素材作为被叠加的底纹背景素材。相对底纹而言，前面画面中的白色区域是不透明的，背景画面的相关部分不能显示出来，黑色区域是透明的区域，灰色区域为半透明区域。如果想保持前面的色彩，那么作为底纹的素材，最好选用灰度素材。

（4）"差值遮罩"视频效果

"差值遮罩"视频效果可以叠加两个素材相互不同的纹理，保留对方的纹理颜色。

（5）"移除遮罩" 视频效果

"移除遮罩"视频效果可以将原有的遮罩移除，如将画面中的白色区域或黑色区域进行移除。

（6）"超级键"视频效果

"超级键"视频效果通过指定某种颜色，调整容差值等参数，来显示素材的透明效果。

（7）"轨道遮罩键" 视频效果

"轨道遮罩键"视频效果将遮罩层进行适当比例的缩小，并显示在原图层上。

（8）"非红色键"视频效果

"非红色键"视频效果可以叠加具有蓝色背景的素材，并使这类背景产生透明效果。

（9）"颜色键"视频效果

"颜色键"视频效果可以根据指定的颜色将素材中像素值相同的颜色设置为透明。

↘9.2.4　视频绿幕背景抠像

在影视后期的编辑处理过程中，对视频内容进行抠像处理是常用的操作之一。在上一小节中已经介绍了 Premiere 中用于抠像的相关视频效果，本小节将通过一个案例来讲解如何去除视频的绿幕背景。

微课视频

扫一扫

实战	视频绿幕背景抠像

最终效果：资源 \ 第 9 章 \9-2-4.prproj。

视频：视频 \ 第 9 章 \ 视频绿幕背景抠像 .mp4。

01. 执行"文件 > 新建 > 项目"命令，弹出"新建项目"对话框，设置项目文件的名称和位置，如图 9-61 所示。单击"确定"按钮，新建项目文件。执行"文件 > 新建 > 序列"命令，弹出"新建序列"对话框，在预设列表中选择"AVCHD"选项中的"AVCHD 1080p30"选项，如图 9-62 所示。单击"确定"按钮，新建序列。

图 9-61　"新建项目"对话框

图 9-62　"新建序列"对话框

02. 将视频素材 66401.mp4 和 66402.mp4 导入"项目"面板中，如图 9-63 所示。将"项目"面板中的 66401.mp4 视频素材拖入"时间轴"面板的 V1 轨道中，在"节目"监视器窗口中可以看到该视频素材的效果，如图 9-64 所示。

图 9-63　导入视频素材

图 9-64　查看视频素材效果 1

03. 将"项目"面板中的 66402.mp4 视频素材拖入"时间轴"面板的 V2 轨道中，如图 9-65 所示。在"节目"监视器窗口中可以看到该视频素材的效果，如图 9-66 所示。

图 9-65　"时间轴"面板

图 9-66　查看视频素材效果 2

04. 选择 V2 轨道中的 66402.mp4 视频素材，打开"效果"面板，展开"视频效果"选项中的"键控"视频效果选项组，将"颜色键"视频效果拖曳至 V2 轨道中的视频素材上，为视频素材应用该视频效果，如图 9-67 所示。打开"效果控件"面板，单击"主要颜色"选项后的"吸管工具"图标，在"节目"监视器窗口的绿色背景上单击吸取颜色，如图 9-68 所示。

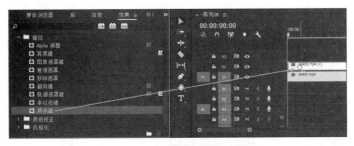
图 9-67　应用"颜色键"视频效果

图 9-68　吸取需要抠取的背景颜色

05. 在"效果控件"面板中对"颜色键"视频效果的其他选项进行设置，如图 9-69 所示。在"节目"监视器窗口中可以随时观察抠取绿幕背景的效果，如图 9-70 所示。

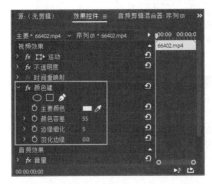
图 9-69　设置"颜色键"视频效果选项

图 9-70　抠取绿幕背景的效果 1

06. 在"效果"面板中展开"视频效果"选项中的"键控"视频效果选项组，将"超级键"视频效果拖曳至 V2 轨道中的视频素材上，在"效果控件"面板中对"超级键"视频效果的相关选项进行设置，如图 9-71 所示。在"节目"监视器窗口中可以看到抠取绿幕背景的效果，如图 9-72 所示。

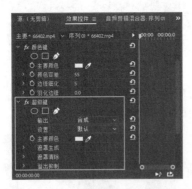
图 9-71　设置"超级键"视频效果选项

图 9-72　抠取绿幕背景的效果 2

07. 在"时间轴"面板中选择 V1 轨道中的视频素材，使用"剃刀工具"在相应的位置单击，对该素材进行分割，如图 9-73 所示。使用"选择工具"选择分割后的后半段素材，按 Delete 键，将其删除，如图 9-74 所示。

图9-73　分割视频素材

图9-74　删除不需要的素材

08. 完成视频绿幕背景抠像的制作后，在"节目"监视器窗口中单击"播放"按钮，预览视频效果，如图9-75所示。

图9-75　预览视频效果

↘ 9.2.5　为视频局部添加马赛克效果

微课视频

扫一扫

在Premiere中，可以直接使用功能强大的蒙版。蒙版能够在剪辑中定义要模糊、覆盖、高光显示、应用效果或校正颜色的特定区域。用户可以创建和修改不同形状的蒙版，如椭圆形或矩形，或者使用"钢笔工具"绘制贝塞尔曲线形状。

本小节将通过一个案例讲解将视频效果与蒙版相结合的方法，实现为视频局部添加马赛克的效果。

实战　**为视频局部添加马赛克效果**

最终效果：资源 \ 第9章 \9-2-5.prproj。

视频：视频 \ 第9章 \ 为视频局部添加马赛克效果 .mp4。

01. 执行"文件 > 新建 > 项目"命令，弹出"新建项目"对话框，设置项目文件的名称和位置，如图9-76所示。单击"确定"按钮，新建项目文件。执行"文件 > 新建 > 序列"命令，弹出"新建序列"对话框，在预设列表中选择"AVCHD"选项中的"AVCHD 1080p30"选项，如图9-77所示。单击"确定"按钮，新建序列。

图 9-76 "新建项目"对话框

图 9-77 "新建序列"对话框

02. 将视频素材 66501.mp4 导入"项目"面板中，如图 9-78 所示。将"项目"面板中的 66501.mp4 视频素材拖入"时间轴"面板的 V1 轨道中，在"节目"监视器窗口中可以看到该视频素材的效果，如图 9-79 所示。

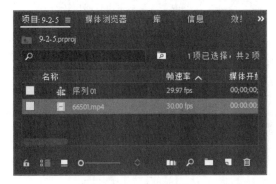

图 9-78 导入视频素材

图 9-79 查看视频素材效果

03. 选择 V1 轨道中的视频素材，打开"效果"面板，展开"视频效果"选项中的"风格化"视频效果选项组，将"马赛克"视频效果拖曳至 V1 轨道中的视频素材上，为视频素材应用该视频效果，如图 9-80 所示。打开"效果控件"面板，对"马赛克"视频效果的相关选项进行设置，如图 9-81 所示。

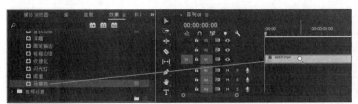

图 9-80 应用"马赛克"视频效果

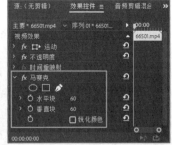

图 9-81 设置"马赛克"视频效果选项

04. 完成"马赛克"视频效果选项的设置后，在"节目"监视器窗口中可以看到应用"马赛克"视频效果的效果，如图 9-82 所示。在"效果控件"面板中单击所应用的"马赛克"视频效果选项下方的"创建椭圆形蒙版"按钮 ⬛，自动为当前素材添加椭圆形蒙版路径，如图 9-83 所示。

图9-82　应用"马赛克"视频效果的效果

图9-83　添加椭圆形蒙版路径

05.在"节目"监视器窗口中，将鼠标指针移至椭圆形蒙版路径的内部单击并拖曳，可以调整蒙版路径的位置，如图9-84所示。单击并拖曳蒙版路径上的控制点，可以调整蒙版路径的大小和形状，如图9-85所示。

图9-84　移动蒙版路径位置

图9-85　调整蒙版路径的大小和形状

06.在"效果控件"面板的"马赛克"视频效果选项下方会自动添加蒙版相关的设置选项，单击"蒙版路径"选项右侧的"向前跟踪所选蒙版"图标，如图9-86所示。系统自动播放视频素材并进行蒙版路径的跟踪处理，显示跟踪进度，如图9-87所示。

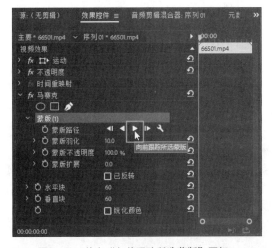

图9-86　单击"向前跟踪所选蒙版"图标

图9-87　显示跟踪进度

07.完成蒙版路径的跟踪处理，即可完成视频局部马赛克的添加。在"节目"监视器窗口中单击"播放"按钮，预览视频效果，如图9-88所示。

图 9-88　预览视频效果

完成蒙版路径的自动跟踪处理之后，可以拖曳时间指示器来观察蒙版路径的位置是否正确，如果局部不正确，可以对局部的蒙版路径进行手动调整。

9.3　字幕

字幕是短视频制作中一种非常重要的视觉元素，也是将短视频的相关信息传递给观众的重要方式。使用字幕可以对短视频进行必要的补充、装饰、加工，以增大短视频的信息含量，增强画面的视觉效果。

↘ 9.3.1　创建字幕和图形对象

字幕中包括文字对象和图形对象，其中文字对象是最主要的，图形对象次之。一般地，我们把字幕的文字对象称为字幕素材。

1.　创建字幕

Premiere 为用户提供了多种创建字幕的方法，用户可以通过执行"文件"菜单中的相关命令来创建字幕，也可以使用"项目"面板来创建字幕。

执行"文件 > 新建 > 字幕"命令，弹出"新建字幕"对话框，可以在"标准"下拉列表中选择"开放式字幕"选项，并且可以对其他相关选项进行设置，如图 9-89 所示。单击"确定"按钮，即可新建字幕，所新建的字幕出现在"项目"面板中，如图 9-90 所示。

单击"项目"面板上的"新建项"图标，在弹出的菜单中执行"字幕"命令，同样可以弹出"新建字幕"对话框，进行字幕的创建操作。

图9-89　"新建字幕"对话框

图9-90　"项目"面板

双击"项目"面板中所创建的开放式字幕,即可在"源"监视器窗口中看到字幕的默认文字内容,如图9-91所示。系统自动切换到"字幕"面板,在该面板中可以对字幕内容进行修改,并且可以对文字的相关属性进行设置,如图9-92所示。

图9-91　"源"监视器窗口

图9-92　"字幕"面板

2. 创建图形对象

上文使用"字幕"命令所创建的属于文字对象,除此之外,还可以使用Premiere所提供的"文字工具"在"节目"监视器窗口中直接输入文字,从而创建图形对象。

单击"工具"面板中的"文字工具"按钮 $\blacksquare$,在"节目"监视器窗口中合适的位置单击,显示红色的文字输入框,如图9-93所示,即可输入相应的文字内容。完成文字的输入后,可以使用"选择工具"拖曳调整文字的位置,如图9-94所示。

图9-93　文字输入框

图9-94　拖曳调整文字的位置

选择刚输入的文字,执行"窗口 > 基本图形"命令,打开"基本图形"面板,切换到"编辑"选项中,在"文本"选项区域中可以对文字的相关属性进行设置,如图9-95所示。在"节目"监视器窗口中可以看到设置文字属性后的效果,如图9-96所示。

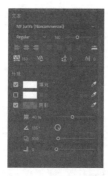

图 9-95　设置文字属性　　　　　　　　　　图 9-96　文字效果

如果使用"垂直文字工具"，在"节目"监视器窗口中合适的位置单击并输入文字，则可以创建出竖排文字，如图 9-97 所示。

图 9-97　创建竖排文字

↘ 9.3.2　字幕设计窗口

执行"文件 > 新建 > 旧版标题"命令，弹出"新建字幕"对话框，用户可以根据需要设置字幕的宽度、高度、时基和像素长宽比（默认与当前序列的设置相同），还可以对字幕命名，如图 9-98 所示。单击"确定"按钮，即可弹出字幕设计窗口，如图 9-99 所示，该窗口主要由字幕工具区、字幕动作区、文字属性区、字幕编辑区、"旧版标题属性"面板和"旧版标题样式"面板组成。

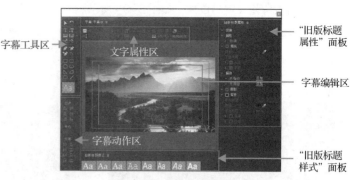

图 9-98　"新建字幕"对话框　　　　　　　　图 9-99　字幕设计窗口

1. 字幕工具区

字幕工具区中为用户提供了文字创建工具和图形绘制工具，如图 9-100 所示。使用这些工具可以输入文字或者绘制图形，其中"文字工具"和"垂直文字工具"与上一节介绍的"工具"面板中的文字创建工具是相同的。

例如，使用"区域文字工具"，在字幕编辑区中单击并拖曳鼠标指针绘制一个文本区域，可以在该文本区域中输入文字内容，并且可以在其上方设置文字属性，如图9–101所示。

图9–100 字幕工具区

图9–101 输入文字内容

2．字幕动作区

字幕动作区中提供了用于对齐、居中和分布字幕的工具，如图9–102所示。选择输入的文字对象后，根据需要单击字幕动作区中相应的功能按钮，即可对所选中的文字对象进行相应的操作。例如，选中文字对象后，分别单击"水平居中"按钮回和"垂直居中"按钮回，可以将所选择的文字对象放置在水平和垂直居中的位置，如图9–103所示。

图9–102 字幕动作区

图9–103 文字对象水平和垂直居中显示

3．文字属性区

使用"文字工具"在字幕编辑区中单击并输入文字之后，在字幕设计窗口上方的文字属性区中可以对文字的相关属性进行设置，如字体、字体样式、字体大小、字体间距、行距、对齐方式等，如图9–104所示。

4．"旧版标题属性"面板

"旧版标题属性"面板用于对字幕进行更多的属性选项设置，例如文字的变换效果、文字属性、填充效果、描边效果、阴影效果、背景效果等，如图9–105所示。

图9–104 文字属性区

图9–105 "旧版标题属性"面板

↘ 9.3.3　创建路径文字

在 Premiere 中除了可以输入水平或垂直文字，用户还可以先绘制一条路径，然后沿着这条路径输入路径文字。本小节将通过一个案例的实际操作，向读者介绍如何创建路径文字。

微课视频
扫一扫

实战	创建路径文字
	最终效果：资源 \ 第 9 章 \9-3-3.prproj。
	视频：视频 \ 第 9 章 \ 创建路径文字 .mp4。

01. 执行"文件 > 新建 > 项目"命令，弹出"新建项目"对话框，设置项目文件的名称和位置，如图 9-106 所示。单击"确定"按钮，新建项目文件。执行"文件 > 新建 > 序列"命令，弹出"新建序列"对话框，在预设列表中选择"AVCHD"选项中的"AVCHD 1080p30"选项，如图 9-107 所示。单击"确定"按钮，新建序列。

图 9-106　"新建项目"对话框

图 9-107　"新建序列"对话框

02. 将图像素材 67301.jpeg 导入"项目"面板中，如图 9-108 所示。将"项目"面板中的 67301.jpeg 图像素材拖入"时间轴"面板的 V1 轨道中，在"节目"监视器窗口中可以看到该素材的效果，如图 9-109 所示。

图 9-108　导入图像素材

图 9-109　查看素材效果

03. 执行"文件 > 新建 > 旧版标题"命令，弹出"新建字幕"对话框，采用默认设置，如图 9-110 所示。单击"确定"按钮，新建字幕并自动弹出字幕设计窗口，如图 9-111 所示。

04. 在字幕工具区中单击"路径文字工具"按钮，在窗口中绘制曲线路径，如图 9-112 所示。使用"文字工具"，在刚绘制的曲线路径上合适的位置单击并输入文字，如图 9-113 所示。

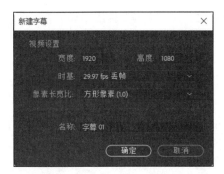

图9-110 "新建字幕"对话框

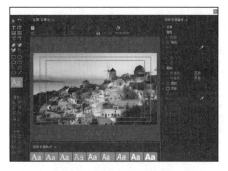

图9-111 字幕设计窗口

图9-112 绘制曲线路径

图9-113 输入路径文字

05. 在顶部的文字属性区中对文字的相关属性进行设置，效果如图9-114所示。在"旧版标题属性"面板的"填充"选项区中设置"颜色"为"#024A85"，在"描边"选项区中单击"外描边"选项右侧的"添加"文字，添加外描边效果，对相关选项进行设置，如图9-115所示。

图9-114 设置文字属性

图9-115 设置填充和描边选项

06. 在"旧版标题属性"面板中选中"阴影"复选框，并对相关选项进行设置，如图9-116所示。在字幕编辑区中可以看到为文字添加描边和阴影的效果，如图9-117所示。

图9-116 设置"阴影"选项

图9-117 字幕效果

07. 完成字幕的创建和效果设置，关闭字幕设计窗口，在"项目"面板中可以看到所创建的"字幕01"，如图9-118所示。将"项目"面板中的"字幕01"拖曳至"时间轴"面板的V2轨道上，如图9-119所示。

图9-118 "项目"面板

图9-119 将字幕添加到"时间轴"面板中

08. 完成路径文字的创建与设置后，在"节目"监视器窗口中可以看到所创建的路径文字的效果，如图9-120所示。

图9-120 路径文字效果

 小贴士

如果需要修改字幕的文字效果，可以双击"项目"面板或"时间轴"面板中的字幕，在弹出的字幕设计窗口中对文字内容进行修改或对文字属性设置进行修改。

↘ 9.3.4 制作横向滚动字幕

运动字幕是字幕的重要组成部分，是传递画面信息的重要手段。本小节将通过一个案例讲解横向滚动字幕的制作方法。横向滚动字幕一般用于播放插入的消息、广告、天气预报等，一般出现在影视画面的下方。

微课视频

扫一扫

 实战

制作横向滚动字幕

最终效果：资源 \ 第 9 章 \9-3-4.prproj。

视频：视频 \ 第 9 章 \ 制作横向滚动字幕 .mp4。

01. 执行"文件 > 新建 > 项目"命令，弹出"新建项目"对话框，设置项目文件的名称和位置，如图9-121所示。单击"确定"按钮，新建项目文件。执行"文件 > 新建 > 序列"命令，弹出

"新建序列"对话框，在预设列表中选择"AVCHD"选项中的"AVCHD 1080p30"选项，如图9-122所示。单击"确定"按钮，新建序列。

图9-121　"新建项目"对话框

图9-122　"新建序列"对话框

02. 将图像素材67401.jpg ~ 67408.jpg导入"项目"面板中，如图9-123所示。在"项目"面板中同时选中刚导入的多个图像素材，单击"项目"面板中的"自动匹配到序列"按钮，弹出"序列自动化"对话框，具体设置如图9-124所示。

图9-123　导入图像素材

图9-124　"序列自动化"对话框

03. 单击"确定"按钮，完成"序列自动化"对话框的设置，系统自动将所选择的多个素材按顺序添加到"时间轴"面板的V1轨道中，并自动在素材之间添加默认的过渡效果，如图9-125所示。执行"文件 > 新建 > 旧版标题"命令，弹出"新建字幕"对话框，具体设置如图9-126所示。

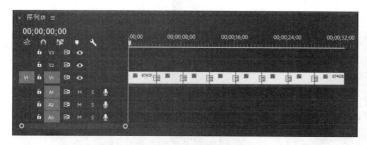

图9-125　"时间轴"面板

图9-126　"新建字幕"对话框

04. 单击"确定"按钮，新建字幕并自动弹出字幕设计窗口，如图9-127所示。使用"文字工具"，在字幕编辑区下方单击并输入相应的文字内容，如图9-128所示。

图 9-127　字幕设计窗口

图 9-128　输入文字

05. 对文字的相关属性进行设置，并在文字编辑区中拖曳调整文字到合适的位置，如图 9-129 所示。单击文字属性区中的"滚动 / 游动选项"按钮 ，弹出"滚动 / 游动选项"对话框，具体设置如图 9-130 所示。

图 9-129　设置文字属性

图 9-130　"滚动 / 游动选项"对话框

06. 单击"确定"按钮，完成"滚动 / 游动选项"对话框的设置。关闭字幕设计窗口，在"项目"面板中可以看到所创建的名称为"风景介绍"的字幕，如图 9-131 所示。执行"文件 > 新建 > 旧版标题"命令，弹出"新建字幕"对话框，具体设置如图 9-132 所示。

图 9-131　"项目"面板 1

图 9-132　"新建字幕"对话框

07. 单击"确定"按钮，新建字幕并自动弹出字幕设计窗口。使用"矩形工具"，在字幕编辑区下方单击并拖曳鼠标指针绘制一个矩形，如图 9-133 所示。在"旧版标题属性"面板的"填充"选项区中设置"颜色"为黑色，设置"不透明度"为 50%，效果如图 9-134 所示。

图 9-133　绘制矩形

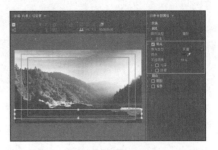

图 9-134　设置矩形的填充颜色和不透明度

08. 关闭字幕设计窗口，在"项目"面板中可以看到所创建的名称为"风景介绍背景"的素材，如图9-135所示。将"项目"面板中的"风景介绍背景"素材拖入"时间轴"面板的V2轨道中，将鼠标指针移至该素材的右侧，单击并向右拖曳，调整该素材的持续时间与图像素材的持续时间相同，如图9-136所示。

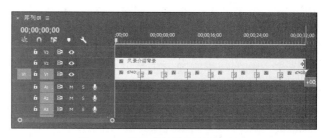

图9-135　"项目"面板2　　　　　　　　　　图9-136　拖入素材并调整持续时间1

09. 将"项目"面板中的"风景介绍"字幕素材拖入"时间轴"面板的V3轨道中，并调整该素材的持续时间与图片素材的持续时间相同，如图9-137所示。在"时间轴"面板中拖曳时间指示器，即可在"节目"监视器窗口中看到滚动字幕的效果，如图9-138所示。

图9-137　拖入素材并调整持续时间2　　　　　　图9-138　查看字幕效果

10. 完成横向滚动字幕的制作，在"节目"监视器窗口中单击"播放"按钮，预览视频效果，如图9-139所示。

图9-139　预览横向滚动字幕效果

↘ 9.3.5 制作文字遮罩显示效果

在 Premiere 中除了可以实现文字的基础滚动效果，还可以将视频效果应用于文字对象，从而创造出多种多样的文字动画效果。本小节将带领大家完成一个文字遮罩显示效果的制作，主要通过为文字应用"裁剪"和"高斯模糊"视频效果，并为视频效果做关键帧动画来实现。

微课视频

扫一扫

> **实战**
>
> **制作文字遮罩显示效果**
>
> 最终效果：资源 \ 第 9 章 \9-3-5.prproj。
>
> 视频：视频 \ 第 9 章 \ 制作文字遮罩显示效果 .mp4。

01. 执行"文件 > 新建 > 项目"命令，弹出"新建项目"对话框，设置项目文件的名称和位置，如图 9-140 所示。单击"确定"按钮，新建项目文件。执行"文件 > 新建 > 序列"命令，弹出"新建序列"对话框，在预设列表中选择"AVCHD"选项中的"AVCHD 1080p30"选项，如图 9-141 所示。单击"确定"按钮，新建序列。

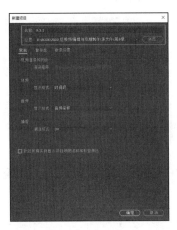

图 9-140 "新建项目"对话框　　　　　　　图 9-141 "新建序列"对话框

02. 将视频素材 67501.mp4 导入"项目"面板中，如图 9-142 所示。将"项目"面板中的 67501.mp4 视频素材拖入"时间轴"面板的 V1 轨道中，在"节目"监视器窗口中可以看到该视频素材的效果，如图 9-143 所示。

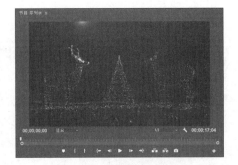

图 9-142 导入视频素材　　　　　　　　　图 9-143 查看视频素材效果

03. 单击"工具"面板中的"文字工具"按钮，在"节目"监视器窗口中单击并输入文字，如图 9-144 所示。执行"窗口 > 基本图形"命令，显示"基本图形"面板，在该面板的"文本"选项区中对文字属性进行设置，并调整文字到合适的位置，如图 9-145 所示。

图 9-144　输入文字

图 9-145　设置文字属性

04.　在"时间轴"面板中拖曳 V2 轨道中的文字对象，将其出点与 V1 轨道中视频素材的出点对齐，如图 9-146 所示。将时间指示器移至 12 秒 05 帧位置，打开"效果"面板，展开"视频效果"选项，将"变换"选项组中的"裁剪"视频效果拖曳至"时间轴"面板中的文字素材上，如图 9-147 所示。

图 9-146　拖曳对齐文字对象与视频素材

图 9-147　应用"裁剪"视频效果

05.　选择所输入的文字对象，打开"效果控件"面板，对"裁剪"视频效果的相关参数进行设置，并为"右侧"属性插入关键帧，如图 9-148 所示。此时，在"节目"监视器窗口中文字内容将完全被隐藏，如图 9-149 所示。

图 9-148　设置"裁剪"视频效果参数

图 9-149　文字被完全隐藏

06.　将时间指示器移至 14 秒的位置，在"效果控件"面板中设置"裁剪"视频效果的"右侧"属性值为 0.0%，使文字全部显示出来，如图 9-150 所示。将时间指示器移至 12 秒 05 帧位置，打开"效果"面板，展开"视频效果"选项，将"模糊与锐化"选项组中的"高斯模糊"视频效果拖曳至"时间轴"面板中的文字素材上，如图 9-151 所示。

图 9-150　设置"右侧"属性值

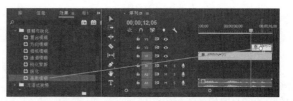

图 9-151　应用"高斯模糊"视频效果

07. 将时间指示器移至 14 秒的位置，在"效果控件"面板中设置"高斯模糊"视频效果的"模糊度"属性值为 30.0，并为该属性插入关键帧，效果如图 9-152 所示。将时间指示器移至 15 秒 18 帧的位置，在"效果控件"面板中设置"高斯模糊"视频效果的"模糊度"属性值为 0.0，效果如图 9-153 所示。

图 9-152　设置"模糊度"属性值后的效果 1　　　　图 9-153　设置"模糊度"属性值后的效果 2

08. 完成文字遮罩显示效果的制作后，在"节目"监视器窗口中单击"播放"按钮，预览视频效果，如图 9-154 所示。

图 9-154　预览视频效果

9.4　音频

人类能够听到的所有声音都可以被称为音频，如大自然的声音、人类的说话声、噪声等。在视频后期处理过程中，音频编辑起着非常重要的作用，适当地添加音频可以使作品锦上添花，达到意想不到的效果。

↘ 9.4.1 添加和编辑音频

在 Premiere 中不仅可以对视频和图像素材进行编辑，还可以对音频素材进行编辑，并且其编辑方法与视频素材的编辑方法相似。

1. 分离与链接音视频

许多视频素材在拍摄的过程中会自动收录相应的音频，如果不需要视频素材中的音频，可以在 Premiere 中将视频与音频进行分离，分离后就可以分别对视频和音频进行单独的处理与操作。

将"项目"面板中的视频素材拖入"时间轴"面板的 V1 视频轨道中，如图 9-155 所示。可以看到该视频素材自带音频，并且系统自动将该视频素材自带的音频放置到音频轨道中。

如果需要取消视频与音频的链接状态，可以在"时间轴"面板的视频素材上单击鼠标右键，在弹出的菜单中执行"取消链接"命令，如图 9-156 所示，即可取消音频与视频的链接状态。

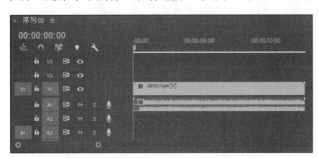

图 9-155 将视频素材添加到"时间轴"面板　　　图 9-156 执行"取消链接"命令

取消音频与视频的链接状态之后，可以单击选中音频素材，按 Delete 键，即可将该音频素材单独删除，如图 9-157 所示。

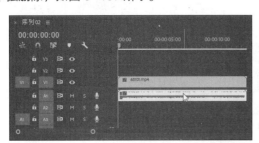

图 9-157 删除音频素材

重新导入一段音频素材，并将其拖入"时间轴"面板的 A1 轨道中，如图 9-158 所示。在"时间轴"面板中同时选中需要链接的视频和音频素材，单击鼠标右键，在弹出的菜单中执行"链接"命令，如图 9-159 所示，即可链接所选中的视频和音频素材。

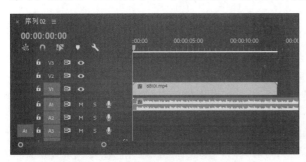

图 9-158 将音频素材添加到"时间轴"面板　　　图 9-159 执行"链接"命令

小贴士

在"时间轴"面板中先选择一个视频或音频素材，然后按住 Shift 键单击其他素材，即可同时选择多个素材；也可以使用框选方式选择多个素材。

2. 添加和删除音频轨道

执行"序列＞添加轨道"命令，弹出"添加轨道"对话框，可以在该对话框中设置添加音频轨道的数量，在"轨道类型"下拉列表中可以选择所添加音频轨道的类型，如图 9-160 所示。单击"确定"按钮，即可按照设置在"时间轴"面板中添加相应的音频轨道，如图 9-161 所示。

图 9-160 "添加轨道"对话框

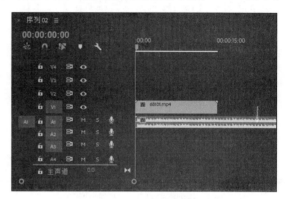

图 9-161 添加音频轨道

执行"序列＞删除轨道"命令，弹出"删除轨道"对话框，在"音频轨道"选项区中的"音频轨道"下拉列表中选择需要删除的轨道，如图 9-162 所示。单击"确定"按钮，即可将所选择的音频轨道删除，如图 9-163 所示。

图 9-162 "删除轨道"对话框

图 9-163 删除指定的音频轨道

3. 调整音频持续时间和速度

与视频素材的编辑一样，在应用音频素材时，可以对其播放速度和持续时间长度进行修改。

选择"时间轴"面板中需要调整的音频素材，执行"剪辑＞速度／持续时间"命令，弹出"剪辑速度／持续时间"对话框，如图 9-164 所示，修改"速度"选项可以调整音频的播放速度，修改"持续时间"选项可以调整音频的时长。

另外，还可以通过拖曳的方式调整音频的时长。将鼠标指针移至"时间轴"面板中需要调整时长的音频素材的右侧，当鼠标指针变为红色左向箭头时，按住鼠标左键并向左拖曳鼠标指针，拖曳到合适的位置后释放鼠标左键，即可对音频素材进行裁剪操作，如图 9-165 所示。

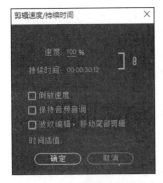

图 9-164　"剪辑速度 / 持续
时间"对话框

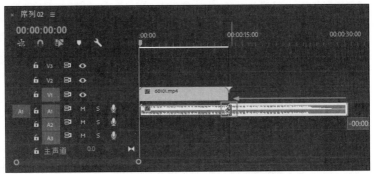

图 9-165　通过拖曳方式调整音频时长

　小贴士

在"剪辑速度 / 持续时间"对话框中修改"速度"选项的值时，音频的播放速度和持续时间都会发生变化，因此音频的节奏也改变了。

9.4.2　应用音频效果

Premiere 不仅为视频素材提供了众多的视频效果，同样也为音频素材提供了众多的音频效果。通过使用这些内置的音频效果，用户可以很方便地对音频素材进行调整和设置，从而使音频达到所需要的听觉效果。

1. 音频增益

音频增益是指音频信号的声调高低。当一个视频片段同时拥有几个音频素材时，就需要平衡这几个音频素材的增益。如果有一个音频素材的音频信号太高或太低，就会影响播放时的音频效果。

选择"时间轴"面板中需要调整的音频素材，执行"剪辑 > 音频选项 > 音频增益"命令，弹出"音频增益"对话框，如图 9-166 所示。选择"调整增益值"选项，在该选项右侧输入新的数字，修改音频的增益值，如图 9-167 所示。

图 9-166　"音频增益"对话框

图 9-167　设置"调整增益值"选项

完成设置后，可以通过"源"监视器窗口查看处理后的音频波形变化，播放修改后的音频素材，试听音频效果。

　小贴士

在音频素材播放过程中，可以观察"时间轴"面板右侧的"音频仪表"面板，正常的音频播放量为 -6dB，如果音量超过音频仪表中的 0dB，则会显示红色，声音出现爆点。

2. 添加音频效果

音频素材的音频效果添加方法与视频素材的视频效果添加方法相同，在"效果"面板中展开"音频效果"选项，该选项下面为用户提供了众多的内置音频效果，如图 9-168 所示。拖曳需要应用的音频效果选项至"时间轴"面板中的音频素材上，即可为音频素材应用相应的音频效果。

Premiere 还为音频提供了简单的切换方式。在"效果"面板中展开"音频过渡"选项，可以看到内置的音频过渡效果，如图 9-169 所示。为音频素材添加过渡效果的方式与为视频素材添加过渡效果的方式相同。

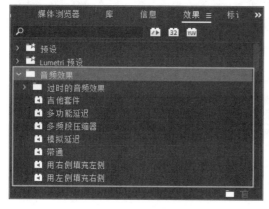
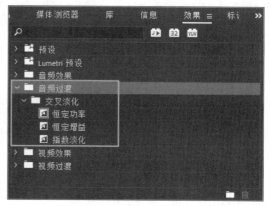

图 9-168 "音频效果"选项　　　　图 9-169 "音频过渡"选项

3. 常用音频效果

在"音频效果"选项中包含了多种音频效果，下面对常用的音频效果进行简单的介绍。

"多功能延迟"音频效果：一种多重延迟效果，可以对素材中的原始音频添加 4 次回声。

"多频段压缩器"音频效果：一个可以分波段控制的三波段压缩器。当需要柔和的声音压缩时，可以使用该效果。

"低通"音频效果：用于删除高于指定频率界限的频率。

"低音"音频效果：用于增大或减小低频（200Hz 及更低）。该效果适用于 5.1 立体声或单声道剪辑。

"平衡"音频效果：允许控制左右声道的相对音量，正值增大右声道的音量，负值增大左声道的音量。

"互换声道"音频效果：可以交换左右声道信息的位置。

"声道音量"音频效果：可以用于独立控制立体声、5.1 剪辑或轨道中每条声道的音量。每条声道的音量级别以分贝衡量。

"参数均衡器"音频效果：可以增大或减小与指定中心频率接近的频率。

"反转"音频效果：用于将所有声道的状态进行反转。

"室内混响"音频效果：通过模拟室内音频播放的声音，为音频剪辑添加气氛和温馨感。该效果适用于 5.1 立体声或单声道剪辑。

"模拟延迟"音频效果：可以添加音频素材的回声，用于在指定时间量之后播放。

"消除嗡嗡声"音频效果：可以从音频中消除不需要的 50Hz/60Hz 的嗡嗡声。该效果适用于 5.1 立体声或单声道剪辑。

"音量"音频效果：可以提高音频电平而不被修剪，只有当信号超过硬件允许的动态范围时才会出现修剪，这时往往导致音频失真。

"高通"音频效果：用于删除低于指定频率界限的频率。

"高音"音频效果：允许增大（4000Hz 及 4000Hz 以上）或减小高频。

↘9.4.3 应用音轨混合器

Premiere 中的音轨混合器是音频编辑中强大的工具之一，它极大加强了在 Premiere 中对音频进行处理的能力。

1. 认识"音轨混合器"面板

"音轨混合器"面板可以实现混合"时间轴"面板中各个轨道的音频对象。执行"窗口 > 音轨混合器"命令，打开"音轨混合器"面板，如图 9–170 所示。"音轨混合器"面板可以为每一条音轨提供调节控制，每一条音轨也根据"时间轴"面板中的相应音频轨道进行编号。

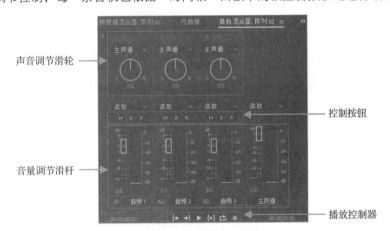

图 9–170 "音轨混合器"面板

声音调节滑轮：用于调节播放对象的双声道音频，向左拖曳滑轮，输出到左声道（L），可以增加音量；向右拖曳滑轮，输出到右声道（R）控制音量。也可以单击该选项下方的数值，输入数值控制左右声道，如图 9–171 所示。

控制按钮：用于设置音频调节时的调节状态，如图 9–172 所示。单击"静音轨道"按钮▥，可以将该轨道中的音频设置为静音状态；单击"独奏轨道"按钮⑤，则只播放该轨道中的音频；单击"启用轨道以进行录制"按钮▮，可以利用输入设备录音到目标轨道上。

图 9–171 声音调节滑轮

图 9–172 控制按钮

音量调节滑杆：用于控制当前轨道音频对象的音量，通过上下拖曳来调节音量的大小，旁边的刻度用来显示音量值，也可以直接在数值栏中输入音量的分贝数，如图 9–173 所示。

播放控制器：用于音频播放，使用方法与监视器窗口中的播放控制栏相同。播放控制器中包括"转到入点""转到出点""播放 / 停止切换""从入点到播放出点""循环""录制"6 个按钮，如图 9–174 所示。

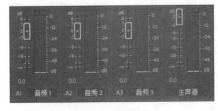

图 9–173 音量调节滑杆

图 9–174 播放控制器

2. 设置"音轨混合器"面板

单击"音轨混合器"面板的"面板菜单"按钮▤，在弹出的面板菜单中执行相应的命令，如图 9-175 所示，即可对"音轨混合器"面板进行设置。例如，在弹出的面板菜单中执行"显示 / 隐藏轨道"命令，弹出"显示 / 隐藏轨道"对话框，在该对话框中可以对"音轨混合器"面板中的音频轨道进行隐藏或显示设置，如图 9-176 所示。

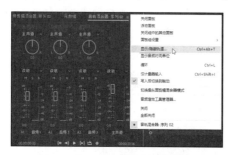

图 9-175 "音轨混合器"面板菜单　　　　图 9-176 "显示 / 隐藏轨道"对话框

9.4.4 制作片尾字幕效果

本小节将通过一个片尾字幕效果的制作案例，向读者介绍如何创建滚动字幕，以及音频的添加方法和音频淡入淡出效果的实现方法。

微课视频
扫一扫

实战

制作片尾字幕效果

最终效果：资源 \ 第 9 章 \9-4-4.prproj。
视频：视频 \ 第 9 章 \ 制作片尾字幕效果 .mp4。

01. 执行"文件 > 新建 > 项目"命令，弹出"新建项目"对话框，设置项目文件的名称和位置，如图 9-177 所示。单击"确定"按钮，新建项目文件。执行"文件 > 新建 > 序列"命令，弹出"新建序列"对话框，在预设列表中选择"AVCHD"选项中的"AVCHD 1080p25"选项，如图 9-178 所示。单击"确定"按钮，新建序列。

图 9-177 "新建项目"对话框　　　　图 9-178 "新建序列"对话框

02. 将视频素材 68501.mp4 和音频素材 68502.wma 导入"项目"面板中，如图 9-179 所示。将"项目"面板中的 68501.mp4 视频素材拖入"时间轴"面板的 V1 轨道中，在"节目"监视器窗口中可以看到该视频素材的效果，如图 9-180 所示。

图 9-179　导入视频素材

图 9-180　查看视频素材效果

03. 在"时间轴"面板中的视频素材上单击鼠标右键，在弹出的菜单中执行"取消链接"命令，如图9-181所示。取消视频与音频的链接状态，单击选中音频，按Delete键，将音频删除，如图9-182所示。

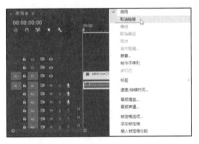

图 9-181　执行"取消链接"命令

图 9-182　删除音频素材

04. 执行"文件 > 新建 > 旧版标题"命令，弹出"新建字幕"对话框，采用默认设置，如图9-183所示。单击"确定"按钮，进入字幕设计窗口，如图 9-184 所示。

图 9-183　"新建字幕"对话框

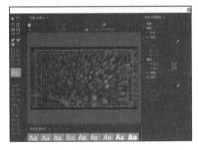

图 9-184　字幕设计窗口

05. 使用"区域文字工具"图，在字幕编辑区中单击鼠标左键并拖曳鼠标指针，绘制一个文本框，如图 9-185 所示。在文本框中输入相应的文字内容，并且对文字的相关属性进行设置，如图 9-186 所示。

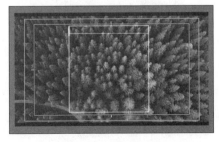

图 9-185　绘制文本框

图 9-186　输入文字并设置文字属性

06. 使用"选择工具"，选择文本框，拖曳文本框的边角控制点，调整文本框大小，单击"水平居中"按钮回，将文本内容调整到水平居中的位置，如图 9-187 所示。单击文字属性区中的"滚动／游动选项"按钮，弹出"滚动／游动选项"对话框，具体设置如图 9-188 所示。

图 9-187　调整文本框的大小和位置　　　图 9-188　设置"滚动／游动选项"对话框

小贴士

滚动字幕以字幕文本框的下边缘为依据判定滚动字幕的位置。在"滚动／游动选项"对话框中设置"过卷"选项为 3，表示字幕最后定格在屏幕的时间为 3 秒。

07. 在文本框中双击，进入文本编辑状态，在文本框中内容的尾部添加字幕结尾定格文字，如图 9-189 所示。将文本框整体向下移动，调整文本框的起始位置，如图 9-190 所示。

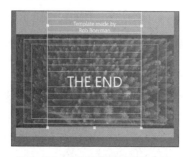

图 9-189　添加字幕结尾定格文字　　　图 9-190　调整字幕的起始滚动位置

08. 单击"确定"按钮，完成"滚动／游动选项"对话框的设置。关闭字幕设计窗口，在"项目"面板中可以看到所创建的名称为"字幕 01"的字幕，如图 9-191 所示。执行"文件＞新建＞旧版标题"命令，弹出"新建字幕"对话框，具体设置如图 9-192 所示。

图 9-191　"项目"面板 1　　　图 9-192　"新建字幕"对话框

09. 单击"确定"按钮，新建字幕并自动弹出字幕设计窗口。使用"矩形工具"，在字幕编辑区下方单击并拖曳鼠标指针绘制一个矩形，如图 9-193 所示。在"旧版标题属性"面板的"填充"选项区中设置"颜色"为黑色，设置"不透明度"为 50%，效果如图 9-194 所示。

图9-193 绘制矩形

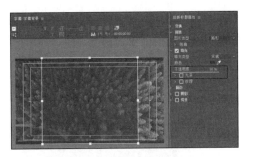

图9-194 设置填充颜色和不透明度

10. 关闭字幕设计窗口，在"项目"面板中可以看到所创建的名称为"字幕背景"的素材，如图9-195所示。将"项目"面板中的"字幕背景"素材拖入"时间轴"面板的V2轨道中，将鼠标指针移至该素材的右侧，单击并向右拖曳，调整该素材的持续时间与视频素材的持续时间相同，如图9-196所示。

图9-195 "项目"面板2

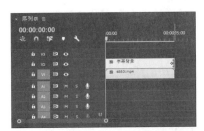

图9-196 拖入素材并调整持续时间1

11. 将"项目"面板中的"字幕01"字幕素材拖入"时间轴"面板的V3轨道中，调整该素材的持续时间与视频素材的持续时间相同，如图9-197所示。在"时间轴"面板中拖曳时间指示器，即可在"节目"监视器窗口中看到滚动字幕的效果，如图9-198所示。

图9-197 拖入素材并调整持续时间2

图9-198 "节目"监视器窗口效果

12. 将时间指示器移至起始位置，将"项目"面板中的68502.wma音频素材拖入"时间轴"面板的A1轨道中，如图9-199所示。将鼠标指针移至A1轨道中音频素材的结尾，当鼠标指针变为红色左向箭头时，单击并向左拖曳以调整音频素材的时长与视频素材相同，如图9-200所示。

图9-199 拖入音频素材

图9-200 调整音频素材的时长

13. 单击选择 A1 轨道中的音频素材，打开"效果控件"面板，展开"音量"选项，设置"级别"属性值为 −50.0dB，为该属性插入关键帧，如图 9-201 所示。将时间指示器移至 3 秒的位置，在"效果控件"面板中设置"级别"属性值为 0.0dB，系统自动插入该属性关键帧，如图 9-202 所示。音频淡入效果制作完成。

图 9-201　设置属性值并插入属性关键帧　　　　图 9-202　设置属性值 1

14. 将时间指示器移至 12 秒的位置，在"效果控件"面板中单击"级别"属性右侧的"添加/移除关键帧"按钮，在当前位置添加该属性关键帧，如图 9-203 所示。将时间指示器移至 15 秒的位置，在"效果控件"面板中设置"级别"属性值为 −50.0dB，系统自动插入该属性关键帧，如图 9-204 所示。音频淡出效果制作完成。

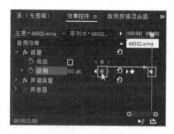

图 9-203　添加关键帧　　　　图 9-204　设置属性值 2

15. 完成片尾字幕效果的制作后，在"节目"监视器窗口中单击"播放"按钮，预览视频效果，可以看到制作的滚动片尾字幕效果，听到淡入淡出的音频效果，如图 9-205 所示。

图 9-205　视频效果

9.5　本章小结

完成本章内容的学习后，读者能够掌握在 Premiere 中为素材添加各种视频效果的方法，以及字幕和音频的处理方法，能够应用 Premiere 中的各种效果制作出独一无二的短视频效果。